成长加油站

做个内心强大的孩子

李 奎 方士华 编著

民主与建设出版社
·北京·

© 民主与建设出版社，2020

图书在版编目（CIP）数据

做个内心强大的孩子 / 李奎，方士华编著 . —— 北京：

民主与建设出版社，2019.11

（成长加油站）

ISBN 978-7-5139-2424-5

Ⅰ.①做… Ⅱ.①李…②方… Ⅲ.①成功心理—青

少年读物 Ⅳ.① B848.4-49

中国版本图书馆 CIP 数据核字 (2019) 第 269553 号

做个内心强大的孩子

ZUO GE NEI XIN QIANG DA DE HAI ZI

出 版 人	李声笑
编 著	李 奎 方士华
责任编辑	刘树民
封面设计	大华文苑
出版发行	民主与建设出版社有限责任公司
电 话	（010）59417747 59419778
社 址	北京市海淀区西三环中路 10 号望海楼 E 座 7 层
邮 编	100142
印 刷	三河市德利印刷有限公司
版 次	2020 年 6 月第 1 版
印 次	2020 年 6 月第 1 次印刷
开 本	880 毫米 × 1230 毫米 1/32
印 张	30
字 数	650 千字
书 号	ISBN 978-7-5139-2424-5
定 价	238.00 元（全 10 册）

注：如有印、装质量问题，请与出版社联系。

　　青少年是祖国的未来，是中华民族的希望。中国的未来属于青少年，中华民族的未来也属于青少年。青少年的理想信念、精神状态、综合素质，是一个国家发展活力的重要体现，也是一个国家核心竞争力的重要因素。

　　随着年龄的增长，青少年开始认识世界，学习各科知识，在这个过程中，他们逐渐熟悉了社会，了解了民风民俗，懂得了道德法律，具备了起码的生存技巧、劳动技能，掌握了一定的科学知识、探索方法，对大自然、对人生也有了一定的看法。

　　这一时期，他们渴望独立的愿望日益变得强烈，与家庭的联系逐渐疏远，对父母的权威产生怀疑，甚至发生反抗行为。他们要摆脱家长和其他成人的监护，摆脱由这些成年人规定的各种形式的束缚。

　　他们对自己充满自信，看不起身边的许多事情，但随着接触社会的增多，他们会逐渐了解到个人只不过是这个大自然中的一部分，个人与他人、社会、自然之间存在着十分复杂的关系，在很多事情面前，个人的能力和作用都是有限的，是要受到制约的。

　　由于一开始过高地估计了自己的能力，致使他们的很多愿望难以实现，由此他们又产生了自危、自惭、自卑、自惑等不良心态，在这种情绪的影响下，有的青少年甚至走上自毁的道路。研究表明，青春期的青少年是最容易激发起斗志的，他们更容易从别人的成功中吸取适合自己的营养，指导他们的行动。

为了正确地引导青少年的成长，使他们培养正确的人生观和世界观，并合理地控制自己的情绪，我们特地编辑了本套"成长加油站"丛书，包括《爸妈不是我的佣人》《办法总比问题多》《再见坏习惯》《做最好的自己》《懒惰，请走开》《做个内心强大的孩子》《这样做人人都欢迎我》《学习是一件快乐的事》《为自己读书》《自己永远是最棒的》共十册书。

本套丛书从兴趣爱好、积极人生、情绪、心智等多个方面入手，分别讲述了如何培养孩子的美德、怎样提高孩子的情商、智商、怎样养成孩子的独立生活能力等诸多问题，旨在引导青少年对成功的渴望，使其发现自身的兴趣所在，快乐、健康地成长，为他们的成长加油！

目录

第一章　播种善良正直的种子

　　善良是世界通用的语言，播种善良，才能收获希望。我们青少年，可以没有让人惊喜、美慕的身姿，也可以过"缺金少银"的日子，但离开了正直善良，我们的人生就会搁浅和褪色，因为美好的品质是生命的黄金。

你要有一颗善良的心

人有一颗心容易，可拥有一颗善良的心却是非常不容易的。

善良的心如同花一样，需要园丁精心栽培，不然就会因营养不良干枯而死。善良的心或许是一朵花园里开得娇艳欲滴的硕大的花，让人欣赏，也可能是一朵没有鲜艳的色彩、没有茉莉般的清香的路边小花。无论怎样的姿态，善良都是我们生活中不可缺少的，是我们在生活中所看到的希望。

那么，亲爱的朋友，你拥有一颗善良的心吗？下面我们一起来看看这个故事。

吴宇上初一的时候，有一次不小心把腿摔伤了，虽然伤得不重，但是走路有一点跛。在学校里，她走路的时候特别小心，总是拖着走，而且总是走在最后，就是希望不被人发现她的问题。

有一天，她的同桌和另外两个人发现了吴宇走路不对劲，就嘲笑她说："你走路真难看！"边说还边学她走路，吴宇被气哭了。在接下来的几天里，他们还不断地嘲讽吴宇，吴宇只好忍着。终于有一次，在被同桌羞辱后，吴宇无法忍受，打了同桌一巴掌，就此发生了冲突……

如果我们也和故事中吴宇的同桌一样，喜欢嘲笑别人，那么我们就是缺少爱心的人。

可是，是什么让我们缺少爱心呢？是因为我们从小接受了过多的爱，却不懂得付出爱，不懂得关爱他人。这样下去，不仅会影响我们未来的人际交往，而且还会直接影响我们能否在社会上生活得更好。

不信的话，我们可以再来看看这样一个故事：

一天，一个贫穷的小男孩为了攒够学费正挨家挨户地推销商品，劳累了一整天的他此时感到十分饥饿，但摸遍全身，却只有一角钱。

怎么办呢？他决定向下一户人家讨口饭吃。当一位美丽的女孩子打开房门的时候，这个小男孩却有点不知所措了，他没有要饭，只乞求女孩给他一口水喝。

这位女孩看到小男孩很饥饿的样子，就拿了一大杯牛奶给他。男孩慢慢地喝完牛奶，问道："我应该付你多少钱呢？"

女孩微笑着说："不用。妈妈教导我，做人要有爱心。"

男孩说："那么，就请接受我由衷的感谢吧！"说完，男孩离开了这户人家。他感到自己浑身都是劲儿。其实，男孩本来是打算退学的，但他喝了牛奶，有了力气，便顺利地卖出了一些商品，这样，他的学费也有了着落。

数年之后，那位女孩得了一种罕见的重病，当地的医生对此束手无策。最后，她被转到大城市由专家会诊治疗。当年的那个小男孩如今已是大名鼎鼎的霍华德·凯利医生了，他也参与了医治方案的制订。当看到病历上所写的病人的来历时，他立即知道了该怎么报答自己的恩人。

凯利用尽全力治好了自己的恩人。当医药费通知单送到这位特殊病人的手中时，她不敢看，因为她确信，治病的费用将会花去她的全部家当。最后，她鼓起勇气翻开了医药费通知单，旁边的小字这样写着："医药费——一满杯牛奶。霍华德·凯利医生。"

从这个故事，我们可以明白，善待他人其实就是善待自己。

善待，看似一个很简单的字眼，但要我们每个人都做到却是一件不容易的事。

善待他人是中华民族的传统美德，是为人之根本。如果我们能善待别人，别人也会因此善待我们，我们还会感受到其中的乐趣。人们不是常说"帮助他人，惠及自我；关爱他人，心生快乐；赠人玫瑰，手有余香"吗？任何一个人的存在，都是以别人的存在为前提、为条件的。

我们只有善待他人，自己才能存在，才能做真正的人，才具有人的尊严和神圣。所以，善待他人实际上是在善待自己，是在为自己创造和争得人的尊严、资格、神圣和权利。同时，我们在善待他人时，自己的内心也会获得幸福和快乐。

所以，亲爱的朋友，从现在起，善待身边的人吧！

　　善待他人首先要学会理解他人。假如我们真诚地理解别人，就得到别人更多的理解。只希望别人理解自己，而不去理解别人的人，永远不会如愿以偿。因为理解是爱，而爱是真诚和相互的。

　　孩子们理解父母真心的爱，能给家庭带来无限的温馨和快乐；师生之间若相互理解，就会情智共生，共同发展；人与人之间能相互理解，整个社会便能和谐美好。理解是一座连接人与人之间心灵的桥梁，是填平人与人之间鸿沟的沙石。因而，在人与人的交往中，我们应该学会相互理解。

　　其次，我们要学会宽容。在我们生活中，待人处世，如果没有宽容，就没有理解，就没有友情，就会失去善良。因为宽容是一种美德，一种修养，也是衡量一个人品格高低的标准。

　　善待他人还要学会帮助。帮助他人就是帮助自己。我们把最好的给予别人，就会从别人那里获得最好的。如果我们帮助的人越多，自己反过来得到的帮助也就会越多。

　　事实证明，只有那些乐于帮助他人的人才会获得别人的尊重。当我们帮助他人的时候，我们付出的是自己对别人的爱。我们付出得越多，内心就越充实，幸福感就越强。所以，助人不仅是付出，也是收获，别人得到了温暖，我们自己也得到了快乐，所以人们常说"助人为乐"。

　　青少年朋友，让我们每个人都学会去善待父母、长辈、老师、兄弟姐妹、同学和那些不相识的人吧！这样，我们的人生定会因自己的善心而更加美丽。

做个有爱心的天使

　　朋友，扪心自问，你是一个有爱心的人吗？当你出门看见路边的小乞丐，你会尽自己的一份微薄之力吗？当你看见由于寒冷其他同学冻得直哆嗦，你有多余的衣服时，你愿意把自己的衣服借给同学吗？如果你的回答是"我愿意"，那么，非常好，这说明你是一个有爱心的人；但如果你的回答是"不一定"，那么，遗憾地告诉你，你正在丧失爱心。

　　爱心对于每一个人来说，都是必备的。我国著名作家冰心曾说过："有了爱便有了一切。"一个从小就懂得关心父母、爱护他人的人，也一定会是一个珍爱生命、热爱生活的人，这样的人长大后才能热爱祖国，关心爱护周围的一切。

　　只有一个有爱心的人，才会受到大家的欢迎，才会有更多与人合作的机会，才更有机会成功。

　　孔子曾说过"泛爱众而亲仁"，就是让我们不仅要"爱人"，还要做到"博爱"。一个人只有拥有了爱心，他才会拥有善良、美丽、真诚，甚至会拥有全世界。

　　让我们一起来看看小萱的故事吧！

　　　　公共汽车进站后，上来一位老人，他双手提了很多东西，步履蹒跚。这时，妈妈轻声对女儿小萱说："爷爷需要帮助，你把座位让给爷爷，好吗？"

小萱很听话地站了起来，对爷爷说："爷爷，您坐我的位子吧！"

老爷爷被眼前的小女孩感动了，激动地说："嗯，谢谢你，真是个好孩子。"

车上其他乘客纷纷向小萱投来了赞许的目光，小萱心里美滋滋的。从那以后，小萱有了主动关心他人的意识。在学校里，同学忘了带课本，她会主动让同学和自己共用一本书；天下雨了，同学忘了带雨伞，她会主动送同学回家后自己再回家。小萱因为有爱心、乐于助人，在班里非常受大家的欢迎。到了学期结束时，同学们都纷纷选她当"三好学生"。

学会关心身边的人，奉献自己的爱心，可以是给人实实在在的帮助，也可以是一句发自肺腑的关切话语，还可以是一个充满友爱和鼓励的眼神。我们的爱心行动，可以让别人看到我们的友好和善良，给人以勇气和力量，让人感受到生命的暖意，看到生活的希望。

那么，亲爱的朋友，你也愿意和小萱一样，做个有爱心的小天使吗？只要你明白自己做什么事对他人有帮助，知道什么是爱，懂得怎样去爱，多在身边的事情上关心别人，从生活的点滴小事做起，就能真正成为

一个拥有爱心的人。那么，我们具体该怎么做呢？

一是让自己学会爱人。很难想象，如果一个人连自己的家人都不爱，他还怎么会去爱别人？因此，我们要培养自己的爱心，首先要学会爱家人，孝敬父母、关爱长辈。比如，吃饭时，要等长辈先挑菜；长辈生病时，要悉心照顾；平时对长辈说话，要有礼貌。

二是与人交往时，要先人后己。遇到事情时，我们要先想到别人，再考虑自己。我们生活在这个世界上，总要与别人交往。但必须知道的是，人际的交往是有互酬性的，如果我们想别人尊敬自己，自己就要先尊敬别人，付出多少，才会得到多少。如果在交往中我们是一个"小心眼"，事事斤斤计较，生怕自己吃亏或者想从交往中捞点好处的话，不管是谁都会离我们越来越远，不屑与我们交往。

因此，要想做个有爱心的人，我们心里要先想想别人，看看别人需要自己帮助些什么，自己能为集体做点什么，而不要总想着自己能从别人身上、从集体当中首先捞到些什么。只有坚持这样做，我们才能渐渐让自己保持无私，成为一个有爱心的人。

三是多接触大自然。我们青少年要多与大自然接触，这样可以锻炼自己爱心迁移的能力。要学会爱护大自然中的一草一木，因为爱心无处不在。

四是学会关心他人。在日常生活中，我们青少年要学会帮助和关心身边的每一个人，同学生病了，我们可以去看望他并给予他安慰，必要时还可以为他提供一些力所能及的物质或精神上的帮助。另外，我们还可以多参加一些有益的爱心公众活动。学校或社会上有很多献爱心的公益活动，青少年朋友可以有意识地参加一些，献上一份属于自己的爱心，这样，爱就会融入我们的生活中。

　　总之，要想让自己成为一个有爱心的人，必须对需要帮助的人多多伸出援助之手，尽最大努力帮助别人，同时还要宽容待人，多为别人着想等。虽然这是一些微不足道的小事，但如果我们每一次都坚持这么做了，我们就会很容易成为一个爱父母、爱亲人、爱朋友、爱同学、爱动植物的善良天使了！

帮助他人就是帮助自己

　　作为青少年，我们都应该明白，我们生活在这个社会中，任何人都不可能孤立存在，不管他是怎样的英雄豪杰，有着多大本事，一旦他处于孤立无援的境地，就会感到力量单薄。

　　相反，如果他有着身边人的支持和帮助，那么他便能够振作精神，从而更加努力地奔向成功。所以说，生活在这个世界上，我们离不开别人的帮助，别人也同样需要我们的帮助，

　　帮助别人，就是助人。助人的最高境界不是施舍，而是尊重。我们在帮助他人的时候，能否保持他人的尊严，也体现了一个人的道德修养水平。我们在帮助他人的同时，其实，也在无形中帮助了自己，因为自己能够从中获得到更多的快乐。

　　让我们一起来看看这样一个故事。

　　张朋和王新是两个

钓鱼高手，一次，他们相约一起到鱼塘钓鱼。

他们两人各凭自己的本事，一展身手，没过多久，都大有收获。在鱼池附近忽然来了10多名游客。这些游客看到这两位高手轻轻松松就把鱼钓了上来，不免有几分羡慕，于是有人去附近买了钓竿来试试自己的运气。但他们都没有钓上来一条鱼。

张朋是一个比较孤僻的人，他不爱搭理别人，喜欢独自享受钓鱼的乐趣；而另一位高手王新，却是个热心、豪放、爱帮助别人的人。

当王新看到游客钓不到鱼时，就说："别着急，我来教你们钓鱼。"游客很高兴，纷纷表示要付学费，王新说："这样吧，如果你们学会了我传授的诀窍，并钓到一大堆鱼时，每10尾就分给我一尾，不满10尾就不必给我。"游客表示同意。王新教完这一群人，又到另一群人中传授钓鱼术。一天下来，王新把时间都用于指导垂钓者，不仅获得了满满一大箩筐的鱼，而且还认识了一大群新朋友。

而同来的另一位钓鱼高手张朋，却没享受到这种服务人们的乐趣。当大家围着王新学钓鱼时，他就更显得孤单落寞了。他闷钓了一整天，竹篓里的鱼远没有王新的多。

事实上，当我们帮助别人获得成功时，自然也会得到一定的回馈。帮助别人，就会快乐自己。帮助那些需要帮助的人是一种美德，在社会生活中，任何一个人都不可能孤立存在，一个处于困境的人如果有很多人的支持和帮助，那他就会重新振作。

如果每个人都去帮助别人，那么就会创造一个良好的社会环境，社会就会变得安宁和谐，富有凝聚力。只有毫不吝啬地帮助别人的人，才会有幸福和快乐的感觉。帮助别人，既能使自己感到一种兴奋，也能使人树立起高尚的形象，受到人们的尊敬，这是一举几得的好事情。

在生活中，我们和同学、朋友、老师等相处时，难免会遇到别人需要我们帮忙的时候，但怎样做才是恰当的呢？

首先，看重朋友之间的情谊，忽视自己一时的得失。在现实生活中，没有人喜欢主动吃亏，但是在朋友关系中，我们要具备高瞻远瞩的眼光，要学会舍弃眼前小利，不能以"争"的姿态界定双方的关系。

古往今来，许多英雄人物都是善于吃亏的人，他们不计较眼前的得失，而是把目光瞄准未来的目标，比如春秋时期鲍叔牙和管仲相交的故事就是有名的例子。在与朋友交往的过程中，对一些细小的得失

要善于难得糊涂。

其次，日常生活中，我们要发自内心地为身边的人做些什么，哪怕是最小的事情，一个拥抱，一个笑容，一句亲切的话语，都会让对方体会到我们的温情和关爱。

当周围的人遇到困难时，要在财务和情感上给予必要的帮助，在时，要用沟通表达关爱，通常一条问候的短信可以沟通彼此的感情，一句关心的话语可以使感情更为融洽；在节日的时候，可以通过一份小小的礼物来表达自己的友情与珍惜。

同时，在帮助他人时，要表达自己的真诚和关切。对别人的帮助要真诚，不要给人以"有目的"的感觉。我们的关心是发自内心的，这样才能使别人愉快地接受，我们才会得到心灵的满足和愉悦。

最后，还要学会为别人设想。帮助别人必须以不危及别人的自尊为前提，不然可能会收到相反的效果。设身处地为别人着想，再提供帮助，才不会出现好心办坏事的情况。

总之，喜欢帮助他人的人一定是善良的人，养成爱帮助人的习惯时，我们就会和善良的性格结缘。

让青春期暴力无处可遁

现在生活中，有很多青少年朋友的暴力倾向很严重，他们具有很强的攻击性。同学间爱打闹，本来是很正常的现象，但是，如果任其自由发展，就会造成意想不到的危害。

　　某中学初三学生夏伟，是个勤奋好学的孩子。因学习刻苦，受过学校表彰。可是，这个1.78米的优秀学生，也有自己的难处，就是同桌刘洋总是和他过不去，经常干扰他的学习。

　　期中考试过后，夏伟在周记中向老师提出换座位的要求。一周后，夏伟换离座位，不再和刘洋同桌。可仅过了一天，血案就发生了。第二天下午放学后，刘洋和两个同学一起在校门口殴打夏伟。刘洋还拿出尖刀，对着夏伟的左胸部猛刺一刀，致使夏伟心脏被刺穿而身亡。

　　检方以涉嫌故意杀人罪对刘洋提起公诉，庭审后，受害者的父亲说，疑犯没有对犯罪事实提出异议。但令他愤怒的是，他从刘洋脸上看不到一丝忏悔。

　　看完这个案例，我们不禁要问：现在的青少年是怎么了？为什么都喜欢用一些不可思议的方法去解决问题？刘洋的这种行为其实是一种性格扭曲的暴力现象。相关调查显示，具有这类行为的孩子，男多于女，独生子女多于非独生子女，并且以年龄小的孩子居多。

　　研究认为，青少年的暴力行为往往是无意识的，如果不及早教育，其行为可能愈演愈烈，如果任其发展到成年，这种行为就可能转化为犯罪，会对其以后的发展带来极为不利的影响。

　　那么，作为青少年，我们应

该怎么远离这种不正当的行为呢？

第一，正确地选择朋友。古人说："近朱者赤，近墨者黑。"这就告诉我们要交志同道合、真诚、正直、有理想、有抱负的朋友，交这样的朋友能使我们在学习和做人方面得到提高。

第二，正确地选择书籍。在成长过程中，我们总会遇到很多困惑和挫折，要成功势必要跨越很多障碍。我们可以选择阅读一些思想阳光、上进的书籍，如世界名著、各种励志书籍等，这样可以让我们的精神保持平静，打开我们的视野。

第三，远离一切不良的影视和书籍。现代生活中，有很多影视和书籍的内容都不利于我们青少年的身心发展。我们应该远离这些不良因素。多看有利于自己身心健康的书籍和影视作品。

第四，当我们自己遇到威胁或者暴力时，首先要告诉自己不要害怕。要相信邪不压正，千万不要轻易向恶势力低头。在面对于自己有危害行为的人时，要大声地提醒对方，他们的所作所为是违法违纪的行为，会受到法律严厉的制裁，会因此付出应有的代价，在能确保自身安全的前提下大声呼喊求救。

第五，如果自己受到伤害，一定要及时向家长、老师、警察申诉报案。不要给不法分子留下"这个小孩好欺负"的印象，如果一味纵容他们，最终只会导致自己频频受害，陷入可怕的梦魇之中。

总之，我们首先要严格要求自己，处理好与他人的关系，和睦相处，不伤害他人利益，不以大欺小，不以众欺寡，不没事闹事，要与人为善，养成举止文明、自尊自爱、尊重他人、团结互助的好品德和好习惯。

不在背后说别人坏话

从小到大，我们一直被教导，不要背后说人的坏话。但是，试想一下，又有多少人真正地做到了呢？背后说人坏话是不道德的，也是心胸狭隘的表现，一旦被别人知道了，我们就可能会遭人厌弃。

道理尽管如此简单，但是在我们的身边，爱说别人坏话的事情时有发生。

暑假的一个早上，冰冰和妈妈下楼去买早餐。走着走着，迎面走来一位阿姨，这位阿姨的脸上长着许多难看的黑块。于是，冰冰转身悄悄对身边的妈妈说："你看，这个人的脸上这么难看，像黑猩猩似的。"

妈妈不但没有说冰冰不对，反而附和着说："我看还有点像小花猫呢！"

"哈哈哈……"冰冰和妈妈笑了起来。

在我们身边，很多父母习惯在背后说人长短，孩子说人坏话，于是和孩子一起议论别人，而没有尽到作为父母应该教育孩子的责任。如果父母以这种方式默许甚至是纵容孩子说人坏话，那么当孩子习惯在背后议论别人、嘲笑别人时，孩子的性格里就多了几分挑剔和狭隘，将来孩子很可能因为把持不住自己的嘴巴而招惹麻烦，使自己的人际关系受到影响。

有些父母觉得，孩子背后说人坏话并没有恶意，之所以背后说就是为了不给别人造成影响，有调侃、解闷的味道。但是无论孩子的出发点是什么，都不能以这种不尊重人的方式进行调侃、解闷，因为一传十、十传百，终有一天，流言恶语会传到别人的耳中，到时候还是会伤害别人的。

现在生活中，我们很多青少年都是独生子女，常常以自我为中心，觉得世界是围绕着自己转的。如果他们觉得背地里嘲笑别人、说人坏话有趣，往往会忘乎所以地说人坏话。这时，作为父母应该教育孩子站在他人的立场上考虑问题，让孩子知道自己这样做别人会痛苦，自己这样说别人会难过。

我们要知道，不希望别人对自己做的事情，也绝对不应该对别人做。正所谓"己所不欲，勿施于人"。

青少年朋友，要想让自己改掉背后说人坏话的毛病，做一个光明磊落的人，在选择身边的朋友时，也非常重要，因为"人以群分，物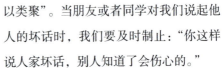以类聚"。当朋友或者同学对我们说起他人的坏话时，我们要及时制止："你这样说人家坏话，别人知道了会伤心的。"

只有先纠正我们自己，再去纠正身边的人，然后我们就会很容易改正爱说坏话的毛病了。亲爱的朋友，我们一起加油吧！

你的善良指数是多少

青少年朋友，你觉得自己是不是一个善良的人呢？一起来做一做以下这个测试，看看自己的善良指数是多少吧！

有一天，你出去买东西，结果在商场里遇见了几年不见的小学同学，这个同学以前在班里成绩不太好，却是个很喜欢和大家打成一片的活泼女孩，后来她搬家了，你们好多年没见面了。你却还是一眼认出了她，并主动和她打招呼，她愣了一下，你报出名字后她也记起了你，你为多年后的意外相聚感到很开心。于是你们一起出去喝茶、吃饭叙旧，她的话却一直很少。到了晚上，准备各自回家。

这时，她突然说其实自己很需要一笔钱，并向你借，你会做出什么反应？

A. 这么多年没见，就算是老同学也不了解底细，婉言拒绝。

B. 回去考虑一下再说，至少想想。

C. 先应付过去，回去向其他同学打听她的底细。

D. 马上应允并拿出钱来。

E. 突然很伤心。

F. 觉得自己可能受骗了，这个人根本就不是当年的同学。

解析：

A型：你的善良很珍贵，很少人看见，你需要对方是非常亲密无间的人之后，才会体现出你最善良、最本质的一面，而在外人面前，你往往都是以精明或是果断的形象示人的，因此，你是一个有原则的好人。

B型：你是个善良的人，但有时候会怯懦或啰唆，因为你本身是个很本分的人，所以你不喜欢惹事，更难得去应付事，因此你更愿意当个鸵鸟，而本性的善良会让你在关键时刻勇敢地站出来助人。

C型：你是个聪明的善良人，善良是你的本性，但别人休想用此来利用你或是欺骗你，你是个有原则的好人，即使是自己的亲人犯错也不会包庇。而且你明察秋毫，别有用心的人在你面前可谓无所遁形。

D型：你是个没脑子的好人，经常有人说你爱吃亏，弄得你很郁闷。其实你不需要那么郁闷，你只要记住做什么事之前动动脑子，多个心眼就好。不要怀疑自己的善良，你只需要升级一下自己的善良就可以了。

E型：你是个悲观主义者，谈不上什么善良不善良，你偶尔善良的原因是因为你悲观地觉得世界上只有你如此善良。你冷血的原因是因为你觉得这个世界上都是不善良的人，因此你总是过得很压抑。

F型：你是个非常有脑子的人，基本上自己什么事都会先打打算盘，可以说，你绝少使用自己的善良和好心，但在关键的时刻，你会是这个世界上最慷慨、最善良的活菩萨，因为你是个讲终生德行的人。

第二章　培养宽容谦虚的美德

　　宽容不仅是一种修养、雅量、胸怀，更是一种人生的境界。宽容了别人就等于宽容了自己。谦虚谨慎，不骄不躁，这是前人传承下来的精神。有真才实学的人往往虚怀若谷，学习是无止境的，我们青少年应该注重培养自己谦虚的美德，这样才能包容万物，才能不断地用知识填充自己，丰富自己。

美德少年

以宽容赢得他人尊重

人们生活在同一个地球上，同一片蓝天下，这样一来，我们就会接触到形形色色的人，在和他人相处时，难免会发生磕碰和摩擦。譬如同学间的误会，朋友间的纠葛，邻里间的纷争，和父母间的争吵等。

矛盾是无处不在的，有了矛盾，重要的是面对现实，化解矛盾。若只是一味斤斤计较，便会自寻烦恼，制造痛苦，徒伤感情，甚而结成冤仇。而要想切断这痛苦的源头，唯一的办法就是学会宽容。

现代生活中，我们大多数青少年都是独生子女，是家庭中的主导成员。因此，我们在过度溺爱的环境下，会逐渐形成以自我为中心，凡事以自己的利益为目的，判断是非的标准也是根据自身的利益，这种不良的表现都是缺乏宽容、同情和尊重的心理。

这些过于偏激的思想和行为，都不利于我们的身心健康及人际交往，它会严重地影响我们健全人格的形成和发展。让我们一起来看看朱红的故事吧！

朱红是一个脾气暴躁、容易生气的人，她朋友很少，时常会感到孤独寂寞。有一次课间操解散后，她被同班的一个同学踩了一脚，那个同学赶紧向朱红道歉，他点头、弯腰，连声说："对不起，真的很抱歉。踩疼没有？"说着，还从口袋里拿出一包餐巾纸递给朱红。

可朱红没有理会他诚恳的道歉，反而说："你眼睛瞎了吗？这么大一个人站在你面前，你也要来踩，你有病啊！"

骂完后，朱红又瞪了他一眼，便愤愤地准备离去，这时她发现周围的同学都愣住了，踩着她脚的那位同学被骂得满脸通红，朱红听到有一位同学小声说了句："犯得着这么生气吗？只不过踩了一下脚，并且人家马上赔礼道歉了。没劲，走！"

朱红愣在那里，看着大家一个一个地从自己身边离开。

故事中，朱红之所以没有多少朋友，就是因为她脾气暴躁，容易生气，不懂得在人际交往中运用宽容来处世。大量的事实证明，宽容是建立良好的人际关系的润滑剂。如果我们能宽容别人，别人才能宽容我们。我们怎样对待别人，别人就会怎样对待我们。

法国作家雨果说："世界上最宽阔的东西是海洋，比海洋更宽阔的是天空，比天空更宽阔的是人的胸怀。"一个宽容大度的人，必能赢得众人的好感和信任。一个人胸怀宽广，人际关系就会很融洽。人际关系处理得好，就能从中获得内心的喜乐和满足。

肖月是个相貌普通、身材一般的女孩子，她的家境不算特别富裕，但她的学习成绩很好，她的朋友很多。在生活中，她懂得用宽容的方式与人相处，因此一直生活得很快乐。

因为宽容，她不去计较生活中的小事。被人误解了，她一笑了之，仍然热情地帮助误会她的人。在学生会里，她不在乎做多做少，别人做事少了，她不抱怨，也不挑剔，而是尽可能地自己多做点，即使有人说她爱表现，她也一笑了之。同学们都愿意和她相处。但她的宽容并不是没有原则的，比如她对待自己的学习就很严格，因而她的学习成绩非常优异。

宽容是一种良好的个性品质，它体现在生活中的方方面面。对待他人宽容意味着克制和忍让。在我们的生活中常常有这样的情况：我们认为不顺心的事，别人有时却感到很合适；我们认为事情这样办可能会更好些，别人却认为那样做不好。

因而在不涉及原则的情况下，我们就需要克制和忍让，放弃一些主动权，这本身就是一种宽容。宽容还意味着平静地接受一切苦难和挫折，不加抱怨地面对一切，用真诚的友情化解敌意，用不屈的意志克服困难，用坚强的毅力忍受痛苦，用微笑去迎接生活。

俗话说："忍一时风平浪静，退一步海阔天空。"我们要立足于当今社会并取得很好的人际关系，首先就要学会宽容地对待身边的人，它不仅能健全自己的人格，还能提高自身的思想境界。

赠人玫瑰，手有余香

那么，我们应该怎么做呢？

首先，是以仁爱之心对待他人。我们的生活中充满了矛盾，同学之间难免有被人误解、忌妒和被人背后议论的事情发生。如果别人惹到了自己，我们耿耿于怀，往往就会引来"以牙还牙"式的恶性循环；反之，如果我们能原谅别人，礼让别人，"投之以桃"的话，则别人迟早会礼尚往来、报之以李的。

宽容绝不意味着无能和软弱，恰恰相反，它需要极大的力量和勇气才能做到，在宽容的背后是一颗仁爱之心。

其次，是尊重别人。人与人之间是平等、互相尊重的。然而，事实上人们对他人常常怀有某种偏见，对己和对人的态度常常不统一，因为多数人都有为自己的行为、情感等辩解的动机，因此不知不觉就把别人和自己分别对待了。

我们要承认每个人都有独立的人格，都有不受他人干预的生活方式，都有值得别人尊敬之处，在与人交往中，我们要做到不议论别人，待人礼貌，形成尊重人的习惯和态度，这样，就能自觉地待人以宽了。

总之，作为青少年，我们应该深信：宽容是朋友之间友谊的守护者；宽容是家庭和睦的基础；宽容是世界和平的根基。一位伟人曾说："把爱拿走，世界将变成一座坟墓。"

所以，我们一定不能丢掉宽容。要让宽容成为我们与他人交往的润滑剂。在生活中，我们用宽容去架设人生的桥梁，让彼此间的心灵沟通，那么，我们的生命就会多一份空间，多一份爱心，生活就会多一分温暖，多一分阳光。亲爱的朋友，从现在起，让我们宽容地对待身边的人吧！

不怕吃亏，遇事少计较

在生活中，每个人都会有难堪的时候、做错事的时候、有求于人的时候，如果这时我们处在有理的一方、得势的一方、管束者和裁决者一方，我们会怎样做呢？

尤其是他们的那些错误或什么事情牵涉我们的利益时，甚或他们与我们有着矛盾时，我们会怎样做？是有些得意，刻薄刁难，还是给人家一个台阶，放人家过关，不为难对方？不同的人可能有不同的做法。一般来说，心胸狭窄的人总是喜欢为难别人，他们不愿意帮助别人，也不宽容或原谅别人。

有时他们甚至会乘人之危，来供自己开心，鸡蛋里挑骨头，抓住别人把柄不放，扬扬自得。而心胸豁达的人则不会计较太多，而会愿意做出退让，宁愿让自己吃点亏，也要帮助别人把棘手的事情处理好。

其实，将心比心，凡事不要太过计较，对人多一份宽容，我们才能得到更多，也才会收获更多。

有一个叫王勇的人，从小父亲就去世了。王勇和母亲相依为命，他们家虽然不富裕，但母亲从小教育王勇：做人要宽容，得饶人处且饶人。在母亲的影响下，王勇和同学以及邻居一直都相处得很好。

当王勇16岁时，母亲患了重病，临终前，母亲对王勇说："孩子，你要学会宽容别人，这样才能使自己的路越走越宽广。要不然，你在社会上就会到处树敌，很难成功。"王勇答应了母亲，并在以后的日子里，用宽容的美德为自己的人生铺平了道路。－母亲去世后，由于家境困难，王勇便辍学在家种地放牛。

有一天，他正在野外放牛。他的一个邻居慌慌张张地跑过来，东瞧瞧，西看看，然后不由分说，牵起王勇家的一头牛犊就走。王勇看见邻居牵走了自己的牛，并不着急，也不生气。

旁边的人却看不下去了，就对他说："那人牵走了你的牛犊，你怎么一点都不着急呀？赶紧去追回来吧！"

王勇微微一笑："没关系，他这么做一定有什么原因。"没过多久，那个人就牵着王勇家的那头牛犊回来了。他十分惭愧地说："真对不起！你的牛犊，我给你牵回来了。"

王勇问他发生了什么事。那人不好意思地说："我家的牛犊丢了一头，发现你的这头牛犊长得很像我家的，所以就……不过，我后来在树林里又找到了我家的牛犊。真对不起！"

村子里还有一个人，平时爱占便宜，时常故意把牛放到王勇家

的地里啃吃庄稼。王勇看到后，也不在乎，反而在收工时带回一些草来，连同那头啃吃庄稼的牛，一起送回那人家中。

王勇说："你们家人多地少，顾不上照看牲口。而我家草多，就拿了些给你来喂牲口吧！喂完，我可以再给你家送些来。"

那人一听，又羞愧，又感激，对王勇说："你真是个大好人！你放心，以后我们再也不让这头牛糟蹋你家的庄稼了！"

王勇待人始终都是这样厚道，最终赢得了亲朋、乡邻的一致赞扬，大家知道他是因为家里太穷才不上学的，便联合推荐他去村庄当代课老师，挣些钱贴补家用。后来，王勇一边当代课老师，一边自学完成了高中课程，并成功地考上了大学。从此，他的人生翻开新的一页。

正是有了王勇对邻居们的宽容，才有了大家对他的推荐，而后，才成全了他的大学梦。

凡事不斤斤计较，"得理也饶人"，给自己留条退路，让对方有个台阶下，为对方留点面子和立足之地，这样，等到对方得理时，就会同样也给我们留点面子和立足之地。要知道"得饶人处不饶人"，事事求胜不仅容易引起别人忌妒，有时候还会影响我们与他人的人际关系，所以在小事上求败，在大事上才能求胜。

做人成熟的重要标志是宽容，忍让，和善。当一个人把宽容当作美德发扬时，这个人也就具备了感人的魅力。因此，我们青少年也要让自己学着去宽容别人。具体怎么做呢？

首先，是对伤害了自己的人表示友好。宽容是一种博大，是一种境界，是一种优良的人格体现，因此，在与人相处时，我们对曾经有意无意伤害过自己的人要有宽容的精神。用我们的体谅、关怀、宽容对待曾经伤害过自己的人，会使他感受到我们的真诚和温暖。这样做虽然困难，但更能反映出我们的宽大胸怀和雍容大度。也许有人会说，宽容别人证明自己太软弱，其实不是，因为宽容是坚强的表现，是思想的升华。

其次，容忍并接受他人的观点。我们每个人都希望和那些懂得容忍自己的人相处，而不希望和那些时刻要对自己说三道四、横挑竖拣的人待在一起。就像有句俗话说的：专门找别人岔子，动辄教训别人的"批评家"估计不会有什么朋友。

再次，尊重对方的人格和优点。根据自己所确立的伦理和严格标准去要求别人投自己所好的人，谁见了都会退避三舍；而那些能容忍和喜欢别人以本来面目出现的人们，往往具有感动人和促使人积极向上的力量。因此，当我们想和朋友友好相处时，一定要尊重对方的人格和优点，容忍对方的弱点和缺陷，切莫试图去指责或改变对方。

最后，发现和承认他人的价值。容忍他人的不足和缺陷比较容易，困难的是发现和承认他人的价值，这是一种更为积极的人生态度。

要记住，在人际交往中，只有既能容人之短，又能容人之长，才能显出我们胸怀的宽阔和人格的高尚。

保持空杯心态去学习

有这样一个故事：

古时候，有一个佛学造诣很深的人，听说某个寺庙里有位德高望重的老禅师，便去拜访。老禅师的徒弟接待他时，他态度傲慢，心想：我是佛学造诣很深的人，你算老几？

后来老禅师又十分恭敬地接待了他，并为他沏茶。可在倒水时，明明杯子已经满了，老禅师还不停地倒。

这人不解地问："大师，为什么杯子已经满了，还要往里倒？"

老禅师说："是啊，既然已满了，干吗还要倒呢？"

禅师的意思是：既然你已经很有学问了，干吗还要到我这里求教？这就是"空杯心态"的故事哲理。它最直接的含义就是一个装满水的杯子很难接纳新东西，要将心里的"杯子"倒空，将自己所重视、在乎的很多东西以及曾经辉煌的过去从心态上彻底清空，只有将心倒空了，有新东西才能放进来，才能拥有更大的成功。

每一个人要想应对时代和环境的变化，须随需应变、以变应变，要求我们具有空杯心态。做事的前提是先要有好心态，如果想学到更多学问，提升能力，就要把自己想象成"一个空着的杯子"。

空杯就是要把自己"当笨人看"。人无完人，任何人都有自己的缺陷，都有自己相对较弱的地方。也许我们的数学成绩已经十分优秀，但却并不能保证自己的语文、英语和数学一样优秀，因此，作为青少年，我们要在学习中随时保持这种"空杯心态"，去吸收现在的、别人的、正确的、优秀的东西。如果我们不去领悟，不去感受，不去学习，仍然高枕无忧地躺在过去成功的经验之上，那将是很可怕的结局。

下面我们一起来看这样一则寓言：

相传在古代，知了是不会飞的。一天，它看见一只大雁在空中自由自在地飞翔，十分羡慕。它就请大雁教它学习飞翔。大雁高兴地答应了。

学习是一件很辛苦的事。知了怕吃苦，一会儿东张西望，一会儿跑东窜西，学得很不认真。大雁给它讲怎样飞，它听了几句，就不耐烦地说："知了！知了！"

大雁让它多试着飞一飞，它只飞了几次，就自满地嚷道："知了！知了！"

秋天到了，大雁要到南方去了。知了很想跟大雁一起展翅高飞，可是，它扑腾着翅膀，怎么也飞不高。

这时候，知了望着大雁在万里长空飞翔，十分懊悔自己当初太自满，没有努力练习。可是，已经晚了，它只好叹息道："迟了！迟了！"

　　在我们的身边，有多少这样的"知了"，就有多少这样的"迟了"。有这样一句充满智慧的哲言："认识你自己。"认识自己很重要，认清自己是非常困难的，否定自己更是难上加难。否定自我需要胸襟、需要坦诚、需要胆魄，还需要真正的空杯心态，只有否定自我才能超越自我。因此，我们青少年要真正做到"空杯"，必须做好以下事项。

　　一是得意之时最易忘形，但我们不能忘形。一般说来，我们在得意时最容易自大和骄傲，觉得自己很了不起，甚至会以自我为中心。但这样的话轻则让人厌恶，重则会成为众矢之的，所以一定要警惕。

　　二是要学会总结经验教训。总结经验教训事实上就是对自我行为的一种反省。如果我们青少年学会了经常总结经验和教训，就已经学会了自觉地进行反省，这对我们的人生会有很大的帮助。

　　三是要处理好"听"和"说"的关系。学会倾听，多听少说。倾听有利于思想的交流、信息的交换，是一种很好的学习。美国前总统克林顿曾说："我每次讲话什么都学不到，只有在聆听时才能学到很多东西。"作为在学校的青少年，我们先不要急着去表现自己，要多听少说，低调、谦虚、好学，才会有利于得到老师和同学的喜爱和尊重。

　　四是要处理好"说"和"做"的关系，少说多做。孔子说："君子欲讷于言而敏于行。"这告诉我们，要成为一个君子，就要积极行动，而不是信口开河。事实上，作为一名学生，我们懂得的知识本来就不多，因此我们就更应该抛弃天下事我"无所不知"的心理，放下"以我为主"的架势，从身边的小事做起，踏踏实实静下心来学习、做事。

五是要自己承担做错事的后果。自己承担做错事的后果，可以使得自己增强责任心，更使得自己认识到错误，并反省自己的错误，从而不再犯相同的错误。

最后，要磨炼出"空杯"心态，"归零"心态，要勇于将过去的荣誉、成就"清零"处理，陶醉在过往的功劳簿上必将作茧自缚。作为一名在校学习的青少年，我们要懂得辩证地思维，在取得成绩之时，考虑自己的不足之处；在失败时，总结教训、感悟成长；对待自己，要发扬"吾日三省吾身"的精神，不断自我修炼和完善；对待他人，要敬畏、宽容，用宽大的胸襟去包容身边的人。

青少年朋友，请记住，"三人行必有我师"，在学习生活中，我们要随时保持好问好学的态度，虚心向周围人请教，这样才能获得更多的新知识，并让自己的性格更完美！

做一个聪明的谦虚者

谦虚是我们中华民族的传统美德。从小父母和老师就教育我们要做一个谦虚的孩子，我们要牢记一句名言：谦虚使人进步，骄傲使人落后。

为了能在谦虚中进步，我们怀着一颗谦逊的心，不断地告诉别人："我不行""这不算什

么""离老师的要求还差得远呢……"渐渐地，谦虚成了我们的一种习惯，甚至成了一种自我贬低，那么，这样会造成什么后果呢？

　　宋成是某所职业学校的学生，在暑假里，他想找一份暑期工。经朋友推荐，他去参加了一家网络公司的招聘。在最初的笔试中，宋成凭着自己扎实的基本功，丰富的专业知识，远远领先于其他竞争者。

　　大家都认为这份工作非宋成莫属，但事情最后却出人意料。在最后的面试中，宋成表现得一如既往地谦虚，哪知正因因此，他痛失良机。

　　在面试时，宋成被问道："你觉得你的英文水平怎么样？"

　　他回答："还行。"

　　主考官又问："你能胜任这份工作吗？"

　　宋成回答："应该可以吧！"

　　几个回合的问答，宋成都是如此谦虚，结果主考官对宋成产生了缺乏实力和自信的不良印象。这样一来，宋成的应聘就失败了。

　　故事中，宋成的失败让人感到惋惜，但是这又能怪谁呢？要怪只能怪他自己太过谦虚，让人觉得他没有自信、没有实力，即使他再有才华，别人也不知道，又怎么能看重他呢？即使他的能力有人知晓，但是他畏畏缩缩，显得不自信，别人也难以认可他，他又怎么能在竞争中获胜呢？由此可见，谦虚是美德，但不要过分，否则将事与愿违，悔之晚矣！我们每个人都应具有谦虚的美德，但是不必过谦。

不必过谦，就是在进行自我评价时，要实事求是地对自己进行正面的评价和肯定，尤其在国际交往中，不必表现得过于谦虚，甚至自我贬低，而是应该表现出足够的自信。但是切记，也不要自吹自擂，自我标榜。

正确的做法应该是好就是好，不好就是不好，要实事求是。

聪明的谦虚者，在谦虚时会把握住一个"度"，一是没有表演性质；二是不矮化自己，三是没有贬损第三方的含意。

对于青少年来说，在与同学和朋友相处时，千万不要过分谦虚，要落落大方地回答说"是"，这样才不会失礼。那么，我们应该在哪些场合中做到谦虚有"度"呢？

第一，当朋友赞美自己时，一定要记住落落大方地道上一声"谢谢"。这么做，既表现了自己的自信和见过世面，也是为了接纳对方。在此刻，我们没有必要羞羞答答，也不必假客气，说什么"哪里，哪里"。

第二，当有人夸奖我们学习好时，同样要大大方方予以认可。千万不要小里小气，极力对此进行不必要的否认。

第三，当需要进行自我介绍，或者对自己的学习、生活进行介绍时，要敢于并且善于实话实说。对于自己确实存在的长处，要正面说明，并勇于认可，不可

坐等对方主动找上门来发现自己的优点和长处。不敢肯定自己，不会宣传自己，往往会造成自己交往的困难。

第四，当自己同朋友交往时，一旦涉及自己正在忙什么、干什么的时候，无论如何都不要脱口而出，说什么自己"瞎忙""混日子"。那样的话，倒真是有可能被对方看作不务正业之人。

第五，请朋友吃饭时，应当在介绍席上菜肴的过程中，有意识地说明："这是这里最有特色的菜"，"这是这家菜馆烧得最拿手的菜"。只有如此，才会令对方感到备受我们的重视。千万不要一面准备了丰盛菜肴，一面却又过度地对其加以贬低，说什么"没准备什么好菜"，"这些菜都烧得不好"。朋友听了这类话后，往往会不领主人的情，甚至还会误以为主人对自己很不够意思。

第六，向朋友赠送礼品时，既要说明其寓意、特点与用途，也要说明它是为对方精心选择的。务必不要画蛇添足地说什么："这件礼品不像样子"，"实在拿不出手"，"没来得及认真挑选"，"这是自家用不了的"。此类"过谦"的说法，必会大大地降低礼品的分量。

在前面的故事中，如果宋成的回答能充满自信——"我想我很适合这份工作"，那他一定能得到这份工作，但是就因为说话过于谦虚，他错过了良好的就业机会。

因此，我们青少年应该想想自己在生活中的一些事情，是否也有过于谦虚的时候，如果有，一定要改正，因为我们的过谦行为会直接影响自己和朋友之间的关系；如果没有，要继续发扬，从而使自己身边的人也做一名谦虚有度的完美之人。

你具有宽容的性格吗

对于宽容的解释很简单，心灵广阔、对他人不严厉要求，比方说，出现和朋友意见不合的情况时，能做到耐心倾听。那么，你具有宽容的性格吗？请仔细回答下面的提问。

对下列问题作出"是"或"否"的选择。

1. 有很多人总是故意跟我过不去。

2. 碰到熟人，当我向他打招呼而他视若无睹时，最令我难堪。

3. 我讨厌和整天沉默寡言的人一起生活、学习。

4. 有的人哗众取宠，说些浅薄无聊的笑话，居然能博得很多人的喝彩。

5. 生活中充满庸俗趣味的人比比皆是。

6. 和目中无人的人一起共事真是一种痛苦。

7. 有很多人自己不怎么样却总是喜欢嘲讽他人。

8. 我不能理解为什么自以为是的人总能得到领导的重用。

9. 有的人笨头笨脑，反应迟钝，真让人窝火。

10. 我不能忍受上课时老师为迁就差生而把讲课的速度放慢。

11. 有不少人明明方法不对，还非要别人按照他的意见行事。

12. 和事事争强好胜的人待在一起使我感到紧张。

13. 我不喜欢独断专行的人。

14. 有的人成天牢骚满腹，怪话满嘴，好像全世界就他一个人最委屈，我觉得，这种处境全是他们自己造成的。

15. 和怨天尤人的人打交道使自己的生活也变得灰暗。

16. 有不少人总喜欢对别人的工作百般挑剔，而不顾及别人的情绪。

17. 当我辛辛苦苦做完一份工作却得不到别人的认可和赞赏时，我会大发雷霆。

18. 有些蛮横无理的人常常事事畅通无阻，这真令我看不惯。

评分标准：

每题答"是"记1分，答"否"记0分。各题得分相加，统计总分。

性格解析：

13~18分：说明你需要在生活中加强自己的灵活性，培养宽容精神。

7~12分：表明你具有常人的心态，尽管时时碰到难相处的人，有时也会被他们的态度所激怒，但总的来说尚能容忍。

0~6分：表明你具有平和的心态，外界的纷繁复杂也很难左右你。

第三章　秉持热情乐观的个性

　　热情是一种可贵的精神特质，它深深地根植于人的内心，让人散发出炽热、耀眼的光芒。乐观是一种良好的精神状态，具有乐观开朗性格的人会给人一种阳光般的感觉，给人生机和活力，给人快乐和灵动，给人积极和健康，给人友好和善良。青少年朋友们，让我们努力塑造这些优秀的性格吧！

热情是迈向成功的钥匙

青少年朋友，你拥有热情吗？你知道什么是热情吗？热情是一种可贵的精神特质，它深深地根植于我们的内心，能够唤起我们内心深处神奇的力量，让人散发出炽热、耀眼的光芒，那是吸引人和感染人的魅力。热情的性格是人生最大的财富和力量之一。

一个极富热情的人，所散发的热量足以使僵化的人际关系如坚冰消融，能让更多的人注意到自己，并愿意与自己接触。在我们的生活中，只要我们能给热情以适当的阳光和水分，它就一定会"生根发芽"，成就我们美好的未来。

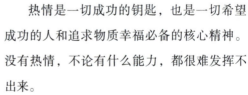

热情是一切成功的钥匙，也是一切希望成功的人和追求物质幸福必备的核心精神。没有热情，不论有什么能力，都很难发挥不出来。

人类最伟大的领袖就是那些知道怎样鼓舞他的追随者发挥热情的人。热情可以改变一个人对他人、工作以及对全世界的态度，也能使得一个人更加喜爱人生。

具有热情性格的人，会比常人更易将体内的巨大潜能发挥出来，这种巨大的能量将成就一个人辉煌的学业、事业。因此，如果我们想在自己的人生中有所成就，就要塑造自己热情的性格，促使自己从平庸走向卓越。

热情是人们成功的武器，只有抓紧了它，才能抓住成功。当青少年每天都能积极面对自己的学习，看到它的价值和意义，负面的情绪自然会丧失它生存的空间，毕竟我们在特定时刻只能存在一种单一的情绪，当心中感到热情时，就不可能同时感到冷漠。

然而，由于学习、生活、人际交往等遇到一系列问题，一部分青少年很难永远维持高度的热忱。

极大的热情与一般的热情是不同的，终身拼搏与"三分钟热度"是根本不一样的，有志者在不断追求成功的过程中，总是怀有极大的热情及持久的热情，因此，他们能够成功，这就是为什么有些人具有热情却又不能获得成功的原因。

热情的源泉来自对学习、对生活的热爱，对朋友、对家人、对社会的热爱。可以说，爱是一切动力的源泉，爱可以改变一切，爱是热情之母。而热情是成功之母，成功者一定充满热情，有热情不一定成功，但缺乏热情一定不会成功。

因此，青少年只有用积极、热情、博爱和宽容的态度面对学习，面对生活，面对社会，才会更好地走向成功。

那么，应该如何才能使自己拥有热情的品质呢？这里，我们可以按照以下几点去培养自己。

第一，定一个明确目标。目标就是计划，给自己的人生确定一个我们希望达到的场景，就是给自己一个生活的目的。人只有知道自己想干什么，怎样干，人生才有意义，才会有冲劲，才会有热情，才会有干劲，也才会成功，而这个成功的过程就充满热情。

第二，为目的而努力拼搏。一个人有了目标，有了人生方向，还需要行动。因此，作为一个想有所作为的青少年，最重要的是马上行动。

第三，正确而且坚定地照着计划去做。行动，是开始做，它只是成功的开始，如果中间放弃了，那么证明自己的内心已经没有了热情，而我们只有正确而且坚定地照着计划去做，才能到达成功的彼岸，才能为培养自己的热情加上一分。

第四，不要盲目地制定目标。爱因斯坦有句名言："兴趣是最好的老师。"作为青少年，我们要善于激发自身的兴趣，并根据自己的兴趣尽量收集有关的资料，这样我们就会逐渐对事物更加有热情。不要盲目或者因一时兴趣而为自己制定目标，那样的结果只能是失败，而且会把自己好不容易培养起来的热情毁掉。

第五，目标不要太遥远。遥远的东西，是人能想到，却不一定能办到的。因此，我们在培养自己热情品质之初时，不要给自己制定太过遥远的目标，而是要脚踏实地，选择实际一点的目标。

第六，拥有热情的习惯。热情是一种习惯。为了让自己拥有热情的性格，我们必须先把热情当作自己的一项习惯。比如，当我们情绪不高的时候，一定要让自己高兴起来，愉快地看看四周，使自己的言行好像已经愉快起来。只要我们模仿热情的表情，就可激发大脑皮层产生相应的脑电波。久而久之，就会形成条件反射，自己就会越来越自然地感到愉快，愿意对他人表现热情。

最后，我们还应该明白，热情，一方面取决于客观实际，另一方面则取决于自我认知。如果我们自己觉得自己不幸福，就会感到自己真的不幸福，自然就热情不起来；相反，只要心里想要热情，绝大部分人都能如愿以偿。

很多时候，热情并不取决于我们是谁、在哪儿，而在于我们当时的想法。因此，如果我们能在任何时候保持热情，那么，万事万物都能够引发我们的热情。

把热情带给身边的朋友

青少年朋友，你知道吗？一个具有热情性格的人，不论年纪大小，都会保持着一种青春的活力，对人主动热情，善于发现美好的事物，愿意把乐观的情绪带给他人，即使面对困境的时候，他也能充满力量，渡过难关，并收获和谐的人际关系。

经常和人相处，我们就不难发现，对生活充满热情的人都有着积极的心态、积极的精神状态。在人群当中，热情是用一种极富感染力的表达方式来表示对别人的支持、理解。拥有热情的人，无论碰到什

么事情，都能够以积极的心态去面对、去行动。

热情的人，往往是积极的人，热情不是来自外在空间的力量，而是自信、热忱、乐观、激情在人的内心的翻转，最后有机地综合起来。它的同义词是热忱、热切、飞扬、狂喜、激动、兴奋、诚挚、激励、精神饱满和生气勃勃等。人们心中永远保持住热情，积极的精神状态就会自然而然地表现出来。

1946年，美国心理学家所罗门·阿希做了一个心理学史上著名的实验，被称为"热情的中心性品质"实验。

他在一张表中列出有关人格的七项品质，包括聪明、熟练、勤奋、热情、实干和谨慎等，给一组被试者。同时，他给另一组被试者一张表，表中与第一组七项品质几乎一样，不同的是把"热情"换成了"冷漠"。

他要求两组被试者对表中的人做一次详细的人格评定，阿希教授让被试者说明，表中这两组具有几乎相同品性的人可能具有，或者他们希望具有什么样的其他品质。

答案出来了，仅仅一个"热情"与"冷漠"的区别，具有"热情"品质的人，受到了被试者的衷心喜爱，人们慷慨地用各种优秀的品质描述他。而那个以"冷漠"代替了"热情"品质的人，遭到了人们的敌意和仇恨，被试者把各种恶劣的品质统统都罗列在他的"冷漠"品质之下。

这项实验证明，在人类的品质描述中，热情和冷漠成为人类品质的中心，它决定了一些其他相连品质的有与无，包含了更多有关个人的内容。因而，热情和冷漠被称为是中心性品质。

一个人最让人无法抗拒的魅力就在于他的热情。一个人是否热情，决定了我们是否喜欢他、亲近他、接受他。热情感染着我们的情绪，带给我们美妙的心境，让我们感到愉快和兴奋。热情能带来幸运，因为人们都喜欢和热情的人在一起。作为青少年，如果缺乏热情，像机器人一样，那么谁也不愿接近他，更不可能和他做朋友。仔细地回想一下我们身边热情的人，就不难理解，热情在社交和工作中有着多么强烈的感染和吸引人的力量。

用热情结识朋友，这是我们建立友谊关系的基础；因此，想要广泛拓展自己的朋友圈子，结识不同行业、不同领域的新伙伴，必须以热情传递温暖的情谊。

从现在起热情面对学习

在我们周围，有一些焦虑的青少年，都自称对学习没有热情，在这些青少年身上，普遍存在着一种"消极反抗倾向"，他们往往表现为自卑、淡漠，凡事均不太引得起他们的兴趣，他们给人感觉是"不负责任"或"光说不练"。亲爱的朋友，面对学习请自问一下，你拥有学习热情吗？

一般来说，青少年没有学习热情主要表现在以下方面。

一是缺乏学习兴趣。我们对某一学科有兴趣，就会持续地、专心致志地钻研它，从而提高学习效果；反之，如果我们缺乏学习兴趣，对待学习就会彻底没感觉，并且学习成绩也会越来越差。

二是没有学习动机。学习动机是推动学生进行学习活动的内在原因，是激励、指引我们学习的强大动力。在学习的过程中，我们可能会遇到各种各样的心理问题。如果不能及时解决，不仅会因此导致我们产生消极的学习态度，还会阻碍我们获得知识和智能的发展。

三是没有正确的学习方法。在态度端正、目的明确的前提下，学习成绩依然上不去，那么显而易见，是学习方法上存在问题。死记硬背，不善于融会贯通，结果自己付出大量的努力，成绩反倒只降不升，这样会严重地打击自己的学习信心，从而产生学习障碍。

四是学习态度不端正。一个学生的学习态度，一般指的是学生对学习及其学习环境所表现出来的一种相对稳定的心理状态。当一个学生没有一个端正的学习态度时，自然就会对学习失去热情。

那么，作为青少年，我们该如何培养自己的学习热情呢？首先是正确的认识学习。所谓学习，是指通过掌握某些有形或无形的新知识，并将其整合到自己已有的知识体系中。学习可以使自己的知识体系不断完善、不断充实，另外，要将学到的知识应用于现实生活中的诸多实践中。

其次是正确认识学习的意义。对青少年来说，学习是我们人生存发展的首要条件，一个人要在社会上生存并有所发展就必须认真、努力地学习。从当前社会来说，我们的学习也是关系到社会进步与发展的事。社会的发展、民族的振兴，要靠广大青少年学生发愤学习，掌握建设国家的本领。如果我们能看到自己肩负着未来的重担，并以此作为学习的远期目标，就一定有一个高涨的热情投入学习活动中去。

人生来是无知的，成长的过程需要经历很多的坎坷与挫折，会有很多的困惑和迷茫。蛇为什么蜕皮？因为它要成长。成长膨胀需要更大的空间，只有在蜕去一层旧皮的束缚之后，才有可能争取更大的空间让自己茁壮成长。

人类也一样，只有不断地学习，补充新的思想和观念，我们才能成长，这样的生命才更有活力，生活也才更有意义。一个人物质上的贫穷不可怕，可怕的是脑袋里的贫穷。没有学习的人生如同干涸的沙漠，生命里是一望无际的贫瘠与荒凉，寻找不到一丝绿色。学习的真正意义，是为了丰富自己，提高人生的境界。

当我们正确认识了学习之后，就不会在学习的过程中，迷失自己学习的目的及意义。如果我们能充分意识到它的重要性，就不会再困惑，不会再犹豫。

在知识的海洋里，自古以来就是以苦作舟，但是学习的乐趣更是用笔墨无法描述的。没有苦，就没有乐，苦与乐都是相对的。青少年朋友，我们要正确对待这种辩证关系，在无涯的学海中尽兴遨游。

乐观地面对生活

亲爱的朋友，进入青春期，不知你是否有过这样的感觉，原本性情温和的你，不知为了什么就变得心浮气躁，甚至有点不可理喻！没错！这是因为我们的心情在作怪。很多时候，因为心情作怪，我们身边的很多事情似乎都变了味儿。

心情像是变化万千的天气，它可以晴空万里，也可以乌云密布，关键要看我们如何对待它。

有时候，我们的生活幸福或者不幸，并非因为它们是否真的会降临在我们的头上，而在于我们的心情是否乐观。乐观是战胜挫折走向成功的强大武器，它能使我们幸福、健康。

因此，我们青少年，要让自己的生活更美好，未来更精彩，首先就要做一个乐观的人，然后才能收获乐观的人生。下面我们一起来看一看弗兰西斯的故事！

弗兰西斯是A国王宫的一名外籍家庭教师，主

要任务是陪七位小公主阅读英文童话，每年的收入是首相的40倍。不过，她被解聘了。在重返学校读书的那天，有二百多名记者云集在学校门口打探内幕，鉴于有协议在先，她回避了所有的提问。

一位陪同小公主阅读童话的人到底出了什么差错？人们有很多猜测。B国的一家报纸说，是因为弗兰西斯和某位王子产生了恋情，在王宫里上演了灰姑娘的故事；C国的一家报纸说，弗兰西斯是被D国安全局买通的一名特工，在传递情报时露出了马脚；A国的一家报纸说，弗兰西斯小姐合同期满，她的离开属正常解聘……总之，众说纷纭，谁也不知道哪一条是弗兰西斯被解聘的真正原因。

一年圣诞节，一封来自公主的电子邮件透露了实情。这封邮件是向弗兰西斯问候圣诞快乐的。在邮件中，小公主回忆了和弗兰西斯共同度过的快乐时光。她说："你还记得我们一起读《安徒生童话》时问你的问题吗？我们傻乎乎的，真是愚蠢至极，以至于造成今日的离别。"原来公主们在读童话时，问了弗兰西斯这么一个问题："谁的妻子最快乐？"

当时弗兰西斯反问了她们："你们认为呢？"

七位小公主齐声回答："农夫的妻子最快乐！"

"难道国王的妻子、百万富翁的妻子、政治家的妻子、诗人的妻子不快乐吗？"弗兰西斯问。

"不快乐。"七个小公主回答。

"为什么？"弗兰西斯接着问。七个小公主答不上来，她们只知道，在童话故事里，没有一个国王的妻子是快乐的，也没有一个百万富翁的妻子是快乐的。

　　后来，弗兰西斯给她们讲了其中原因，并告诉她们：在这个世界上，只有真正快乐的心态，才能带给女人真正的快乐。谁知这句话被人告密，第二天她就接到了解除聘约的通知。

　　乐观能使人幸福、健康，使人容易取得成功。相反，悲观则常导致人绝望、病态及失败，它常常和沮丧、孤独连在一起。因而心理学认为："要是能引导人们塑造乐观积极的性格及思想，就能预防这些精神疾病。"以癌症患者为例，思想乐观者在面对死神的威胁时仍能镇定自若，充满信心和勇气，恢复情况往往要比其他患者好。

　　这是因为，乐观通达的性格能令患者减少不必要的恶性病变，减少或消除复发的可能性；而悲观、忧郁和消极的性格，将极大地削弱人体内的自然免疫功能，造成恶性循环，使患者钻牛角尖，悲观厌世，破罐子破摔，根本谈不上珍重自己，也承受不起任何生活上的考验。

　　具有乐观性格的人，他们的眼里总是闪烁着愉快的光芒，他们总显得欢快、达观、朝气蓬勃，他们的心中总是充满阳光。

　　当然，他们也会有精神痛苦、心烦意躁的时候，但不同于别人的就是他们总是愉快地接受这种痛苦，没有抱怨，没有忧伤，更不会因此而浪费自己宝贵的精力。

　　具有乐观、豁达性格的人，无论在什么时候，他们都感到光明、美丽和快乐的生活就在身边。他们眼睛里流露出来的光彩使整个世界都溢彩流光。在这种光彩之下，寒冷会变成温暖，痛苦会变成舒适。

这种性格会使智慧更加熠熠生辉，使美丽更加迷人灿烂。

那种生性忧郁、悲观的人，永远看不到生活中的七彩阳光，春日的鲜花在他们的眼里也会失去娇艳，黎明的鸟鸣会变成令人烦躁的噪音，无限美好的蓝天、五彩纷呈的大地都像灰色的布幔。在他们眼里，创造仅仅是令人厌倦的、没有生命和没有灵魂的苍茫空白。

为此，我们青少年要想生活得更精彩，就必须充分认识到乐观的巨大意义和价值，培养自己的快乐意识，在日常生活中，要积极、正确地追求快乐。

第一，学会乐观思维方式，学会调节认知。快乐，一方面取决于客观实际，另一方面则取决于认知、思维方式。如果我们觉得自己过得不幸福，就会感到不幸；相反，只要我们心里想快乐，则真的会快乐。很多时候，快乐并不取决于自己是谁，在哪儿，在干什么，而取决于自己当时的想法。

古希腊哲学家伊壁鸠鲁也说："人类不是被问题本身所困扰，而是

被他们对问题的看法所困扰。"英国杰出的戏剧家莎士比亚也说:"事情的好坏,多半是出自想法。"作为青少年,如果掌握了乐观思维法、光明思维法,人生万事万物都能够使我们快乐。

第二,追求豁达、乐观,瞩目生活中光明的一面。如果心情豁达、乐观,我们就能够看到生活中光明的一面,即使在漆黑的夜晚,我们也知道星星仍在闪烁。一个心态健康的人,就会思想高洁,行为正派,就能自觉而坚决地摒弃肮脏的想法,不与邪恶者为伍。

这个世界是我们大家创造的,因此,它属于我们每一个人。而真正拥有这个世界的人,是那些热爱生活、拥有快乐的人,也就是说,那些真正拥有快乐的人才会真正拥有这个世界。

第三,享受生活中每一次喜悦,让自己快乐。人是需要享受生命的。无论多忙,我们总有时间选择两件事:快乐还是不快乐。早上起床的时候,也许自己还不知道,不过我们的确已选择了让自己快乐还是不快乐。我们大多数人一生中不见得有机会可以赢得大奖,大奖总是保留给少数精英分子的。

尽管如此,我们还是有机会得到生活中的各种小奖,如一个拥抱,一个亲吻!我们生活中到处都有小小的喜悦,也许只是一杯冰茶,一碗热汤,或是一轮美丽的落日。同时,更大一点的单纯乐趣也不是没有,生而自由的喜悦就够我们感激一生的了。这许许多多、点点滴滴都值得我们细细去品味,去咀嚼。也就是这些小小的快乐,让我们的生命更可亲,更可眷恋。

如果生命的大奖落到我们头上,请务必心怀感激。但即使它们与我们失之交臂,也无须嗟叹。尽情去享受生命的小奖吧!昨日的英雄只是今日的尘土,生命的大奖只是雪泥鸿爪,瞬间消逝,但是那些小小的喜悦却在日常生活中俯拾即是。人生的大喜毕竟少有，可是只要我们睁大眼睛与心灵，到处都可以发现那些小小的快乐的事。

让自己轻松快乐起来

在我们成长的路上，充满了许许多多的未知，它们往往与我们不期而遇。因此，我们无法预知它的发生发展，也无法抵制他们的将来，这样一来，对未来的焦虑便侵袭了我们的心。

其实这种焦虑是不必要的，在成长的路上，为了我们的明天更美好，我们应该放下焦虑，让自己轻松、快乐起来。

一个人，一生有很多达不到的目标，有很多克服不了的障碍，我们千万不要因此焦虑起来。因为焦虑不仅解决不了问题，反而会让自尊心和自信心严重受挫，让失败感进一步加强，离成功越来越远。成功不属于杞人忧天、焦虑重重的人，成功只属于时刻准备轻松应对的人。

焦虑，人人都曾经历过，它是对生活持冷漠态度的对抗排挤，是自我满足而停滞不前的预防针，它可以促进个人的社会化和对文化的认同，推动人格的发展。一定程度的焦虑是有益的、可取的，甚至必要的。

但是，如果有太多的焦虑，以至于形成焦虑症，这种情况不仅不利于我们的健康成长，还会妨碍人去应付、处理面前的危机，甚至妨碍日常生活。

　　王芳是某中学高一的学生，前一段时间她变得相当敏感，神经极度紧张，坠入痛苦的深渊，不能自拔。由于心理上的不适，后来导致了身体疾病，每天大脑都昏昏沉沉的，夜里睡不好觉，精神萎靡，她意识到自己的心中焦虑在一天天地加重，并且已经开始影响了她的生活。

　　为了早一天走出困惑，她走进学校的心理咨询室，希望在心理咨询师的帮助下调整自己的心态，她想好好地生活，不做焦虑的奴隶。在心理咨询师的悉心指导下，她已经回复了往日的朝气与自信。在学期期末的考试中，她还取得了好成绩。

　　"没有了焦虑的困扰，我变得轻松了，做事效率也高了，也有了足够的自信。"她说，"焦虑不是不可消除的，只要你有信心，焦虑一定会远离你。"

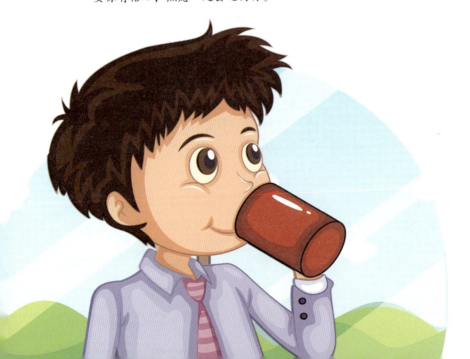

上述事例中的王芳在面对焦虑时，不是缩手缩脚，而是勇敢地向心理咨询师进行咨询，最终找回了自信，取得了好的成绩。所以，我们青少年在面对焦虑时，也应该及时地到相关咨询室进行咨询，以早日找回自信，乐观地面对生活。

这个世界上没有让自己永远满意的事情，所以我们要放下焦虑，沉着应对，并学会消除焦虑的方法，让自己轻松快乐起来。

第一，要活着为自己，不要"看着别人活，活给别人看"。要经常问一问自己：我的生活目标是什么，我是谁，我是不是每天有所进取？学会正确认识自己，愉快地接纳自己，以自我评价为主，正确对待他人评说，认清自我，这是放下焦虑的前提。

第二，保持情绪稳定。对突如其来的事物和一些与自己关系重大的事情，青少年朋友在开始面对它们时，生理上会发生急剧变化，心跳加快，呼吸急促，两手发抖，手心冒汗，这是由于过分紧张和恐惧引起的。

其实，适度的紧张对人是有一定益处的，它可以进一步调动人体的各种机能，使思维更加活泼，产生一种增力作用。但是过度紧张，会导致出现难以控制的心慌、不安、紧张，使思维处于抑制状态。

第三，正确估计自己，树立自信心。在日常学习和生活中，青少年朋友应该多考虑自己要怎么做，要如何进取，在各种社交场合，应顺其自然地表现自己，不要总考虑别人怎么看待自己，自己要怎么迎合别人。

第四，保持良好的精神状态和身体状态。精神要尽量放松，对事物有恐惧感的人往往吃不下、睡不着，惶惶不可终日，这种行为对身心健康危害极大。为防止这种现象的发生，我们应该在思想上不过分夸大事物与个人前途得失的关系；另外，要保持良好的身体状况，不要过分疲劳，大脑过度劳累会造成头昏耳鸣，兴奋与抑制过程失调，神经活动机能减退，从而加剧心理紧张程度。

第五，正确看待自己。青少年应该学会客观地认识自己和评价自己的能力，把握好自己的方位和坐标，看准机遇，发挥自己的作用，并不断在快节奏中提高自己的心理承受能力，在各种事件中保持心理平衡。

第六，生活要积极自主，潇洒自在，为自己寻求快乐。我们要明白焦虑对于解决问题无济于事，我们虽然没有未卜先知的能力，但却有对生活的预见性。人们往往根据自身已有的条件来预见未来的明天，当这些预见与想达到的目的不相符时，人们往往表现出焦虑不安。

焦虑使人的心情变得沉重，进而对未来失去信心。在现实生活中，我们青少年常常会因为很多事而焦虑，生活的质量不能提高，学习成绩不能提高，与父母的关系不融洽等。因此，我们青少年要培养乐观、勇敢的性格，用心平气和的态度去克服焦虑的心理，这样才能使自己真正快乐起来。

你是一个乐观的人吗

亲爱的朋友，你是个乐观主义者还是个悲观主义者呢？你是通过明丽的镜子还是透过灰暗的镜子来看待人生？做完以下这套心理测试题，你就会更了解自己。

1. 如果半夜里听到有人敲门，你认为那会是坏消息或是有麻烦发生了吗？

2. 你随身带着安全别针或一条绳子，以防衣服或别的东西裂开了吗？

3. 你跟人打过赌吗？

4. 你曾梦想过赢得彩票或继承一大笔遗产吗？

5. 出门的时候，你经常带着一把伞吗？

6. 你觉得自己的父母用收入的大部分来买保险值得吗？

7. 你有过在期末考试之前，没有做好充分准备的经历吗？

8. 你觉得自己身边的大部分人都很诚实吗？

9. 进超市之前存包时，你会取出自己的贵重物品吗？

10. 对于新的计划你总是非常热衷吗？

11. 当朋友表示一定会还给你，你会答应借钱给他吗？

12. 大家计划去野餐或烤肉时，如果下雨你仍会按原计划行动吗？

13. 在一般情况下，你信任别人吗？

14. 每天早上，你会提早出门以防塞车或别的情况发生吗？

15. 每天早上起床时，你会期待美好一天的开始吗？

16. 如果医生叫你做一次身体检查，你会怀疑自己有病吗？

17. 收到意外寄来的包裹时你会特别开心吗？

18. 你会随心所欲地花钱，等花完以后再发愁吗？

19. 上飞机前你打算买旅行保险吗？

20. 你对未来的生活充满希望吗？

评分标准：

每道题答"是"得1分，答"否"得0分。

个性解析：

0～7分：你是个标准的悲观主义者，看人生总是看到不好的那一面。身为悲观主义者，唯一的好处是你从来不往好处想，所以很少失望。

然而以悲观的态度面对人生，有太多的不利。你随时会担心失败，因此宁愿不去尝试新的事物，尤其遇到困难时你的悲观会让你觉得人生更灰暗。

解决这一问题的唯一办法，就是以积极的态度来面对每一件事和每一个人，即使偶尔会感到失望，你也会增加信心。

8～14分：你对人生的态度比较正常。不过你仍然可以再进一步，学会以积极的态度来应付人生的起伏。

15～20分：你是个标准的乐观主义者。看人生总是看到好的一面，将失望和困难摆到一旁，但过于乐观也会使你对事情掉以轻心，所以要注意不要误事才好。

第四章　锻造坚强勇敢的品质

坚强勇敢是一种非凡的意志力，它能帮助一个人走出被反复拒绝后的失落，跨越成功路上的无数阻碍。这种性格使他们在为梦想拼搏的过程中练就自己过人的胆识，能够抵挡住人生的风雨，迎来炫目的彩虹。

在苦难中铸造坚强

在我们成长的道路上，会遇到很多的困难，但是无论面对怎样的逆境、多大的苦难，我们都不能放弃自己的信念和对生活的热情，我们只有不断地经受住种种考验，才能获得一个坚强的性格。事实上，大凡是具有坚强性格的人都经受了苦难的塑造，凤凰涅槃才能得以永生。

要知道，世界上的事情没有什么是可悲的，上帝也没有对谁不公平，即使生活中出现一些打击，作为青少年，我们也应该把这些事情当作是一种磨炼，只有这样，才不会为了某件事情而沉沦。

因此，在生活中，当我们觉得很失落的时候，可以多往好的方面想想，在面对苦难的过程中，我们才会有所收获。我们应该相信，只要选择了坚强，就不会被生活中的苦难所击倒。

坚强的人在苦难面前是不会退缩的。因为，艰难困苦的环境能磨炼我们的意志，我们必须为了生存而克服各种困难、奋斗不止，为了取得成功，必须经受住失败的考验，因此，我们唯有选择坚强起来，忍受他人难以忍受的苦难，才能更好地解决问题，获得成功。

在茫茫无垠的沙漠里，骆驼像个哲学家一样，一边踱着步子，一边沉思着。在沙漠里，没有水，没有草，有时候还会风沙漫天，难辨方向。坚韧不拔的骆驼却总是能向前行走。

有一天，骆驼在沙漠里发现了一株仙人掌，惊异地停步问道："小家伙啊，你是怎么在这么恶劣的沙漠中生存的呢？"

仙人掌笑着反问说："嘻！大块头啊，那么你又是怎么在这沙漠中行走的呢？"

骆驼回答道："我啊，因为我能吃苦耐劳，经过长期的磨炼，形成了适应沙漠生活的特殊习性和身体机能，所以我能在沙漠里行走。你又是怎么做到的呢？"

仙人掌说："我同你一样，都是因为长期的锻炼，养成了抗旱耐渴的习性，拥有了适应沙漠生活的特殊机能，所以能适应沙漠中的生活。"

骆驼又发问道："你为什么身上长了这么多的刺？"

仙人掌笑着回答说："就是因为我满身生刺，才不会被动物吃掉。刺是我的叶子，这样的叶子不会使身体里储藏的水被蒸发掉，我不怕干旱，所以能够在沙漠里生存下来。"

骆驼听后认真地点了点头，带着敬意告别了仙人掌，向前走去，伴着沉思："不错，凡是能够在艰苦环境中生存下来的，都经过了无数次的磨炼，具有了百折不挠、战胜一切的意志和坚韧不拔的品质。"

那么，在日常生活中，当我们遇到苦难时，我们应怎么办呢？这个小故事中的骆驼和仙人掌都是我们的好老师。它们指导我们，在遇到苦难时，我们应选择坚强，勇敢地战胜困难，并且要适应不良的环境，最终才会渡过难关。

大自然里，这样的例子还有很多，如嫩绿的小草为了呼吸到地面的空气，能够用尽全力去推开很重的石头；又如河里的鱼儿为了寻找食物，常常逆着水流往上游。

自然科学家达尔文曾说过这样一句话："适者生存。"它的意思是生物必须学会适应糟糕的环境才能生存下来。对于青少年来说，只有在苦难面前，坚强起来，永不退缩，克服困难，才能使自己不断进步，才能有更好的发展。

我们青少年要怎么做，才能在苦难面前使自己变得坚强呢？青少年可以从以下几个方面入手，进行自我培养。

第一，找出自己的不足。明确了自己的不足之处，就可以针对具体的问题进行自我修炼。

第二，培养丰富的情感。丰富的情感可以成为我们行为的支撑，因为丰富的情感使我们懂得爱生活，爱我们周围的人，为人处世，我们多了一些热情，多了一些责任感，也就有了人们所说的"良心"。如果我们认为只有这样做，才能对得起自己的良心，才觉得心安理得时，即使这样做会给自己带来不少痛苦，我们也会有勇气、有毅力克服困难，把事情做到底。

第三，从小事做起。坚强的性格最终要在实践锻炼中才能获得，我们要让自己投身到各种实践中去，从小事入手培养自己的坚强。

在我们身边有这样的青少年既希望自己具有坚强的性格，又害怕平时遇到困难，事事讲舒服、图安逸，即使是去野外游玩，也吃不得半点苦。这样，坚强的性格将永远停留在遥远的彼岸，属于别人而不属于自己。

因此，作为青少年，我们要学会把眼前的困难当成锻炼自己的机会，用微笑来对待困难，在日常与困难的斗争中使自己坚强起来，要逐步养成自我检查、自我监督、自制的习惯。当自己犹豫时，使自己果断一些；当自己畏惧时，让自己"大胆些""不要怕""不要丧失信心""再坚持一下"。久而久之，我们就可以逐渐战胜自己的软弱，使自己的意志力达到新的高度。

从小事中培养坚强

青少年的成长时期是性格塑造的一个关键时期。但是，现实中，我们大多数人都是独生子女，父母又对我们过分关心、溺爱，所以很多青少年情绪多变、不稳定，坚持性较差，恒心有限，做事常常"雷声大、雨点小"，容易虎头蛇尾，对待学习、工作朝三暮四，随波逐流；再加上自身对客观事物的是非分辨能力有限、自制力差，常常经不起不良诱惑，做事容易半途而废。

一部分青少年因在行动中无法控制自己而使预定目标得不到实现，这会使他们失望、悲观，甚至心理受到挫伤。所以，无论是从心理健康的角度，还是从造就人才的角度，我们都应加强自己坚强性格的培养。

那么，在生活中，我们应该怎样来使自己更坚强呢？其实，坚强并非生来就有，它是属于我们人性中的后天成分，我们完全可以通过一些途径来培养它，这就要求我们从日常的小事做起。

一是长跑。"坚持每天早上跑步"，这是很多写给青少年文章中的一句概括，这个方法在培养坚强性格的初期效果会非常明显，可是随着身体的逐步适应，效果就会逐渐地减弱，所以，我们在每天坚持的基础上，还应该逐渐地增加强度。

首先，制订一个合理的计划，包括目标和完成的期限。目标一定要明确，研究证明，越是明确、具体的目标，实现起来越有动力，因此不要对自己说"我要每天跑步""我要在明天多跑一段距离"，而应该这样告诉自己"我要坚持每天在早上跑3000米""明天我要比今天多跑1000米"，这样的目标才是有说服力的。

其次，完成的期限一定要在实施计划前设定，而且也要明确、具体，比如说"我要在三个月内做到一

次跑完10000米"。具体的计划要根据自己的情况来设定，第一个月我们要给自己设定一个可以承受的目标，比如说可以每天跑2000米。但这个目标不能设定得过高，最关键的是我们要坚持下来。

如果第一个月我们能够坚持下来，那么我们已经初步培养了坚强的性格，接下来做的仍然是坚持下去，不过从这时候开始我们要给自己增加强度，强度也要根据自己的情况设定，标准和设定初期的目标一样，不能偏高也不能偏低，以每个月或每两个月为一个周期，每个周期内都增加一定的强度，直到这个强度大到我们的极限为止。

这时候，我们会惊奇地发现我们已经拥有了对自己行为的"控制力"，我们不必每天都跑那么长了，距离可以根据情况来定，但至少要保证每周一到两次最长距离的训练。

另外，为了使自己能够坚持到底，当自己完不成任务的时候，就一定要给自己一些必要的惩罚，以此来督促自己按照计划上的规定进行训练。比如说，我们可以这样写在长跑计划上："如果我今天没有坚持跑步的话，我就坚决不吃零食"，"如果我今天不能比昨天多跑500米的话，我就绝对不上网或者不看电视"。而且这个惩罚一定要由某个人来监督，比如父母或者同学，这样如果自己想偷懒的话，监督人就会警告我们，而你也会因为不去兑现自己的承诺而感到羞愧，继而产生动力去完成任务。

长跑是一项比较枯燥的运动，但是我们一旦坚持下去，就会惊奇地发现它为我们带来的种种好处。

二是做俯卧撑。练习俯卧撑可以使我们青少年的身体越来越强健，而且让我们的形体健美，身体没有多余的脂肪，只有健美的肌肉，更重要的是可以让我们的性格更坚强。

当然，作为女生，如果俯卧撑做得不好，做仰卧起坐也是一种很好的练习方法。

三是多说话，多表演。尝试在人多的时候，尤其在面对一个陌生集体的时候，多说话，甚至表演节目。多多尝试，慢慢地就会发现自己变得越来越坚强了。

四是积极参加各种活动。作为正在学校学习的青少年，我们要积极参加各种集体活动，因为不管是体育运动，还是游戏活动，不仅能够增强我们的集体意识，而且，一些运动和游戏还讲求团队的协调和配合，比如篮球、跳大绳等。

在这些集体活动中，我们会认识到，自己是属于一个集体的，而这个集体也同样需要我们的参与，当我们能够勇敢地加入集体活动中去，我们也就会抛却懦弱、羞怯，变得越来越坚强。

除了以上所说的几种方法之外，还有许多其他的方法可以帮助我们养成坚强的性格，但所有的方法都贵在坚持，而坚持正需要意志力的支持。因此，我们一定要有一个坚定的信念，这样才能够最终获得坚强的性格。

摆脱依赖，塑造坚强

从我们出生开始，父母就对我们无微不至地呵护，因此，我们对父母有依赖心理是完全正常的。但是，随着我们一天天地长大，如果我们还继续依赖父母的话，就是一种不健康的行为了。

作为青少年，我们必须明白这样一个道理，虽然现在我们有父母养着，衣、食、住、行不用发愁，几乎所有的事都由父母替我们打理，但总有一天，他们都将老去，那时，我们依靠谁呢？因此，我们应该克服依赖的心理，成为一个坚强的人。

马晓丽是某中学的一名学生，中考过后，她对自己的估分感觉还不错，估计考上她心目中的那所重点高中是没有问题的。然而在兴奋之后，她又泛起了淡淡的担忧。她家离市区比较远，如果到那里上学的话，肯定就要住校了。她发愁的是，要离开家人，离开妈妈了，自己的生活该怎么办。

因为从小到大，她除了在学校认真学习以外，什么都不会做，不会洗衣服，不会自己照顾自己，从来都是饭来张口，衣来伸手。甚至她还要经常向正在厨房忙碌的妈妈喊："妈妈，我今天穿哪件衣服？""妈妈，我穿哪条裤子？""我穿哪双鞋？"

马上就要"单飞"了，马晓丽对即将开始的新生活感到担忧和恐惧。

其实，像马晓丽这种情况，很多青少年朋友在生活中也肯定遇到过。许多莘莘学子，在寒窗苦读多年中，一直都沉浸在成绩分数的拼杀上，往往忽略了自立和自理能力的培养。所以，面对人生的第二次"断乳期"，我们

会和马晓丽一样，出现恐惧心理。说到底，我们这时的依赖心理主要表现在两个方面：

一是凡事没有主见，总觉得自己能力不足，难以独立，处事优柔寡断，遇事总希望父母或师长为自己做个决定，想个办法。在学习上，喜欢让老师给予细心指导，时时给自己提出些要求，否则，自己就会茫然不知所措；而在家里，一切都听从父母的安排，甚至连穿戴也没有自己的主张和看法。

二是总喜欢和那些独立性强的同学交朋友，因为希望能在他们那里找到依靠，找到寄托。

对我们青少年来说，这种依赖心理如果不能及时纠正，发展下去就有可能形成依赖型人格障碍。因为依赖心理是一种消极的心理状态，它会对我们个人独立人格的完善，自主性、积极性和创造力的发

展造成不利影响。

应该明白，总有一天，我们要离开父母、离开亲友，独自在社会上生活，因此，我们必须改变依赖，才能真正拥有坚强的性格。

第一，培养自己的自信心。事实证明，依赖性强的青少年大多不太自信，遇到问题时不敢自己想办法解决，多请求家长或老师、同学帮忙，所以，他们自信心的自我培养就显得非常重要。这时，首先要相信，通过自己的努力，我们是能处理自己生活和学习上的问题的，然后再挖掘自己的才能，独立解决一些问题，逐步增强自信心。

第二，调整与父母的关系。作为青少年，我们应多与父母交流沟通，让他们知道，如果他们凡事都为我们做好，不仅会使我们丧失独立与创造性，还会丧失自尊心和自信心，非常不利于我们的身心健康。我们应该建议自己的父母，对我们适度放手，给予我们了解周围世界的自由。

第三，寻找独立锻炼的机会。在学校中可主动要求担任一些班级工作，以增强主人翁意识，以使自己有机会去面对问题，能够独立地拿主意、想办法。在家里，我们也要有意识地培养自己的生活自理能力和独立性，多帮助父母做一些家务，自己的一些事情先要自己想一想，并试着自己拿主张。

第四，多向独立性强的同学学习。有时候，我们的同伴对我们人生的影响甚至会高于父母对我们的影响。因此，我们可以在老师的帮助下，多与独立性较强的同学交往，观察他们是如何独立处理问题的，并向他们学习。良好的榜样作用可以激发我们的独立意识，有利于我们逐步改掉依赖的习惯。

第五，要做到生活上的独立。我们现在还没有成年，暂时不需要自己挣钱养活自己，但我们应具备最基本的自理能力，比如管理好自己的零用钱，自己的事情自己做，自己煮饭等。

第六，在学习上也需要独立。有不少青少年认为学习不是自己的事，他们经常要父母监督着、责备着来学习。我们应该明白，学习最终还是要靠自己。

诚然，古今中外"将门虎子"屡见不鲜，他们从小就受到父母的熏陶，使他们对某门学科产生兴趣，这是他们成才的重要原因之一。但我国数学家张广厚从小家境贫寒，他的父亲是个目不识丁的矿工，然而张广厚在艰难中自强不息，靠自己的努力，刻苦攻关，在数学研究方面取得了卓越的成就。可见，一个人的成功绝非靠父母遗传，而是靠自己的努力。俗话说："师傅领进门，修行在个人。"父母、老师给我们指明方向，指出学习方法，但他们也不可能一辈子伴随着我们走，进一步地学习、钻研只能靠自己。

青少年朋友，我们只有改变了依赖的思想，才能让自己具备坚强的性格，我们的人生才会更加灿烂！

弥补缺陷，练就坚强

可以说，坚强是一个人一生中必不可少的精神品质。学会坚强，会让我们在这激烈竞争的社会中站得更稳；学会坚强，我们才能从困难和挫折的沼泽中解脱出来；学会坚强，我们在痛苦绝望时才能重新找到生活的勇气和经验。

有句名言是："受苦于我有益。"现在大多数青少年都是独生子女，在家娇生惯养。

这种衣来伸手、饭来张口的生活使我们在生活中缺乏自主的能力和坚定的信念。在学校，由于升学的压力及学校的管理制度过多、过严，使我们缺少自我教育及动手实践的机会。有很多青少年朋友的心理很脆弱，承受能力偏差，没有坚强的意志，经不起一点挫折和打击。这部分同学，如果到了新的学习环境中就难以适应新的生活，面对新的人际关系和环境，也会感到陌生和害怕。因此，青少年朋友要学会坚强地生活，因为，苦难是人生的最大财富，不幸和挫折可以造就一个人的坚强意志，并成就一个人的辉煌人生。

苦难是人生的一位良师，那些艰难困苦是磨炼我们人格的最高学府。就像古人说的："天将降大任于斯人也，必先苦其心志，劳其筋骨，饿其体肤，空乏其身，行拂乱其所为。"

现代的青少年朋友都是生活在一个美好的年代，优越的生活使我们不知道什么是贫穷和艰难。父母过分的溺爱使我们在困难面前束手无策。所以，我们要学会弥补自己的缺陷，用积极的心态面对问题，养成坚强的意志，勇敢地与困难作斗争。

在成长的道路上，我们需要克服许多困难，抵制许多诱惑，放弃许多享受，而做到这些都需要坚强意志的支持。因为，坚强的意志和一个人受到的磨难是分不开的。所以，我们只有经受住生活的考验和磨砺，才能拥有坚强的意志和顽强的毅力，才会在困难和挫折中镇静自若、永不退缩。克服困难的过程就是意志活动的过程，坚强的意志就是在不断克服困难的过程中锻炼出来的。而要学会坚强，让自己具有坚强的性格，我们可以从以下方面做起。

第一，持之以恒。我们要学会坚强就要先学会摆脱凡世的困扰。从小事做起，持之以恒，在一定的条件下，要正确取舍，认真做事，才能不负少年心。

第二，认真地面对失败。爱迪生曾经说过："失败是我需要的，它和成功一样有贵重的价值。"我们要想拥有坚强的意志，让自己拥有坚强的性格，那么，我们在成功的同时也会有失败。人生道路不可能是一帆风顺的，总会有坎坷和困难。我们只有认真地面对失败，才能具备坚强的意志力，才能克服前进道路的种种困难。

第三，善于克制自己。我们要坚持培养自身的坚强意志，还需要学会善于管理自己的情绪。给自己的日常行为做个有条不紊的计划，然后，根据计划来管理或约束自己的不良行为，从而达到培养坚强意志的目的。

第四，在艰苦的环境中锻炼自己。著名的思想家卢梭曾说："如果人害怕痛苦，害怕疾病，害怕不测的事情，害怕生命的危险，那么，他就会什么也不能忍受。"一个人的道德意志与品格是完全一致的，道德意志越强大品格的形成就越快。因此，坚强的意志是与克服困难相联系的。艰难、困苦和不幸是我们生活中真正的磨刀石，它们是我们的力量、纪律和美德的最好源泉。所以，作为青少年，我们要在艰苦的环境中锻炼自己，让自己学会坚强，克服困难，走向成功。

学会坚强就应该练就能承重的心灵，让它变得恬淡自然，不以物喜，不以己悲，永远保持一份快乐的心态，把生活中的所有困难都看成是一种历练。风雨越猛烈，个性越坚强。调节好心态，坚强才是真实的；学会了隐忍，坚强才是有力的。相信经过了生活的磨砺，坚强会如影相随，直至我们到达成功的彼岸。

拿出再试一次的勇气

我们青少年朋友，正处于心理和生理发育的关键时期，这个时期，也是青少年的"心理扰动期"。为什么这样说呢？

第一，儿童时期适应不良所积累下来的问题，到青少年时期会表现得更加明显与严重。

第二，青少年是个体从儿童期过渡到成人期的关键阶段，在追求独立与建立自我的过程中，常会发生特殊的适应困难。

第三，初中阶段是人生观、世界观的形成时期，在这个时期，青少年的是非观念、处事方式、行为习惯、价值取向等都开始表现出自己的个性，而这些个性是否能够适应现实生活，将直接影响到我们的心理承受能力和耐挫折能力。

因此，如何面对生活和学习中的困难与挫折，拥有积极健全的心态，成为困扰着我们青少年的关键问题之一。其实，对付挫折最好的办法，就是勇敢地面对它。

挫折是什么？挫折就是指人的意志行为受到的无法克服的干扰或阻碍。对于每个人来说，挫折是不可避免的。挫折是客观存在着的，它对人有弊亦有利。

对于抵御挫折能力强的人来说，挫折实际上是一种动力，它可以激发个体的意志，使自己更坚定地朝着预定的目标奋力前进，直至到达终点。

在这个过程中，他们可以面对现实，不断调整自己，不断战胜困难，体验成功的喜悦，积累成功的经验，自信心因此会不断得到增强，人生价值观也会得到提升。而对抵御挫折能力弱的人来说，挫折即是毁灭，它会把人压折了腰。

他们通常表现为不能正视现实，对未来总感到失望、感到迷茫，感到无所适从，经常采取逃避行为来应付自己的处境，甚至自虐自残。所以，我们青少年要想彻底战胜挫折，就要培养自己面对挫折的勇气和抵御挫折的能力。只要我们拥有了这两样法宝，那么在任何困难、挫折面前，我们都可以"刀枪不入"。那么，我们应该怎样培养自己面对挫折的勇气和抵御挫折的能力呢？不妨从以下几点做起。

一是正视挫折。不要害怕挫折，要正视它的客观存在。我们要认

识到，理想是美好的，但实现理想是非常艰巨的。经受挫折是我们现实生活中的正常现象，是不可避免的，社会的进程如此，我们的个人成长也是如此。

因此，在学习生活中，我们可以选择多参加一些活动，比如组织故事会，学习名人、伟人正确对待挫折的态度，并多参加长跑、义务劳动等，逐渐培养自己战胜困难的勇气；平时还可以多做一些难题，以磨炼自己的意志，培养自己敢于竞争与善于竞争的精神，使自己在面对挫折时不气馁，然后刻苦攻关，勇攀高峰。

二是培养自信心。自信是一个人心理健康的重要标志，也是一个人生命的灵魂，是一种无敌的精神力量。而自信心则是一个人重要的心理品质。

研究认为，自信和勤奋是一个人取得好成绩的两个重要因素，也是学生长大成才的必要心理品质。国家的富强、社会的进步需要人们具备这两个重要因素，同样，我们青少年的成长也需要这种自信。在激烈的学习竞争中，这种自信尤为重要。

三是培养耐受力。爱迪生曾说过："伟大人物最明显的标志就是他坚强的意志，不管环境变换到何种地步，他的初衷与希望不会有丝毫改变，并能最终克服障碍，达到期望的目的。"

所谓耐受力是指当我们遇到挫折时，能积极自主地摆脱困境并使其心理和行为免于失常的能力。如果我们具有百折不挠的毅力、坚韧不拔的意志、矢志不渝的恒心和乐观自信的精神，那么我们的抗挫折能力自然就强，对挫折适应能力也强。

总之，挫折对我们青少年来说是暂时的，但也是永远的。所以，面对挫折将贯穿我们成长的始终。但困难和挫折，对于成长中的我们来说，绝对是人生中最好的大学。因此，从今天起，勇敢地面对生活中的挫折吧，这是一种智慧，也是一种收获。

你具有坚强的性格吗

青少年朋友，你具有坚强的性格？下面这个测试可以帮助你更好地了解自己。这是一组假设的情景，请你想象一下遇到这一系列事件时你会怎么做。

答题方式：请根据你选择的答案到后面相对的题。

1. 你在路上走着，有人突然向你求救，仔细一看，此人竟是你的偶像，你觉得是谁在追他？

A. 影迷→去4题

B. 记者→去7题

2. 你帮他甩掉追逐者，他向你微笑示意，你觉得这代表？

A. 轻松、单纯的微笑→去5题

B. 衷心感谢你→去9题

3. 这段奇遇结束后，他将要离去，你希望他在走前对你：

A. 握手说再见后→性格A

B. 吻别→性格B

4. 为了闪避追逐者，你会带他到哪里躲？

A. 人少的小巷子里→去2题

B. 人多的大型商场→去8题

5. 为了掩饰，你会帮他选择哪种伪装工具？

A. 眼镜→去6题

B. 帽子→去13题

6. 为了感谢你，他留下了电话号码，你会：

A. 很兴奋，过几天就打电话给他→性格D

B. 觉得电话可能是假的，还是不打了→性格B

7. 如果你们选择乘搭交通工具闪躲，你会选择：

A. 搭计程车→去2题

B. 坐公共汽车→去11题

8. 你觉得追逐者会有多少人？

A. 5人左右→去5题

B. 10人以上→去12题

9. 你们躲过追逐后，你会带他去哪里玩？

A. 电影院→去3题

B. 餐饮店→去10题

10. 终于到了互相告别的时刻，你会对他说：

A. 今天很高兴能帮助你→性格A

B. 以后我还有机会再见你吗？→性格C

11. 如果被追到并被追问绯闻时，你认为他的对象可能是：

A. 圈内人士→去9题

B. 圈外人士→去12题

12. 他准备送件礼物答谢你时，你认为他会：

A. 把他新买的手表送你→去6题

B. 把他用过的饰品送你→去10题

13. 他请你吃东西，但却是你不喜欢的食物，你会：

A. 勉强吃下→性格C

B. 拒绝吃下→性格D

性格解析：

性格A：唯命是从型。你几乎没有什么意志力，你总是喜欢附和别人的声音，缺乏自我主张和个性，你的许多好点子被自己埋没了。

性格B：容易软化型。你的意志力不够坚强。你总扮演依从的角色，会跟随对方的意见去做，欠缺自我肯定的意志力。

性格C：意志变化型。你有自己的主张，不太容易被动摇意志。但如果对方是你在乎的人或面对一件你非常在意的事，你还是会妥协。

性格D：坚持己见型。你是一个意志力坚强的人，做出的决定一般不会再改变，这样说一不二的性格让人觉得你非常固执，很容易树敌，建议你在一些无足轻重的小事上适当地做些让步。

第五章　修炼沉着冷静的性格

　　无数事实都说明，冲动是要受到惩罚的。当我们遇事慌慌张张、冒冒失失，不能掌控自己的情绪，不能沉着冷静地应对时，就意味着我们必将吞下失败的苦果。因此，我们只有具备了沉着冷静的性格，我们的心理素质才能更加强大。

冷静处理情绪变化

进入青春期，有时候，由于生理和心理的激素刺激，我们的内心世界就像月圆月缺、花开花谢一样，会产生潮水般的情绪波动，这些情绪波动的变化会使我们的心情有起伏，脾气有阴有晴。

看看下面的故事，试想一下，我们的生活中是不是也经常出现这种情况。

珠珠养的一条金鱼死了，她心里非常难过。这时候，爸爸过来安慰她："别哭了，不就是一条金鱼吗？爸爸再给你买一条吧。"

珠珠哭得更伤心了："谁要你给我买一条？我就要原来那一条！"

爸爸觉得很生气，吼道："你怎么这么不可理喻！"这下子珠珠哭得更厉害了。

爸爸更生气了，他气呼呼地把珠珠关在卧室，一边关门，一边说："哼！哭吧，哭吧！看谁理你！"

人是有感情的动物，但感情的表现并不是体现在感情用事上，如果那样的话，许多事情我们将后悔莫及。所以，我们不管遇到怎样的事情，一定要冷静，切记不可感情用事。

要知道，性格上的沉着冷静，可以使我们在危急关头静下心来，对事件进行冷静分析，然后再采取有效的方法可以使自己的心情变得更好。因此，培养自己冷静的好性格，是我们青少年的必修功课。

其实，当事情发生以后，如果我们肯冷静地考虑一下，也许会找到更好的解决办法。比如，当朋友因为某个问题与我们争吵起来，也许我们很有理由，而朋友不讲理，且对我们步步相逼，这时我们很可能压不住自己，想动手。

但冷静地想一想，如果这时我们控制住自己的感情，强制自己冷静一下或是暂时避开一会儿，等对方平静下来，再与他讲道理，那么我们既不会失去这个朋友，相反还可以表现出我们的大度。可是，假如我们控制不住自己，对朋友大打出手，失去朋友不说，还可能酿成恶果，得不偿失。

在生活中，冷静地面对自己的情绪变化，才能使我们和周围的人愉快相处。那么，当我们想要生气时，应该怎么使自己冷静下来呢？

一是运用自控能力。性格培养是一个与自己斗争、较劲的艰苦的、长期的工程，如果不能控制自己，则无从谈起。因此，如果我们是一个容易发怒的人，那么在自己要发火的时候，一定要强行压制怒火，一旦自己不能控制，即使花费再长的时间也培养不了良好性格。

二是运用科学的方法。性格其实与人的生理、习惯、家庭环境等诸多因素有关，方法不科学，往往适得其反，严重的还会引发心理或生理疾病。实际生活中要认识到性格培养不是立竿见影的事，一定要树立打持久战的思想，方法上要从易到难，步步为营，先从容易的做起，扎实打好基础，切忌反复。

三是客观的自我认识。面对事件时，我们要对自身进行深刻的反思，对自己有客观的认识，这样我们在确定目标和方法时就会有很强的针对性，简单地移花接木式地照搬别人的经验往往会失败。

俗话说，"世界上最难的往往不是战胜别人，而是战胜自己"，只要我们凡事多冷静地想想，把握好自己的情绪，就能做情绪的主人，拥有遇事冷静的态度。

沉着应对突发状况

人生是复杂多变的，在成长的路上，我们难免会遇到一些突发的状况，有的人，在面对这些突发状况时，会急得抓耳挠腮、狂躁发怒，有的人则会临危不惧，理智应对突发状况。这就是冷静与不冷静人的性格界限。我们青少年，只有具备了沉稳的性格，才能遇事不乱、稳中取胜，而狂躁的性格则常常使事情变糟。

放暑假时，上初中的黄平带妹妹坐火车去北京和爸爸妈妈团聚。在火车上，黄平刚走进列车上的厕所，一个黑衣男子跟着他一起挤进厕所，并反手将门锁上。

黑衣男子对黄平说："快点，把你的手机和钱包给我！否则，我对你不客气！"

面对这突如其来的场面，黄平清楚地知道，厕所没有其他人，抵抗是毫无意义的，稍有迟疑，他就可能遭到杀身之祸。黄平冷静下来，把包里仅有的10块钱递给黑衣男子。

黑衣男子生气地说："怎么这么少？你别给我耍花招。"

黄平急中生智地对黑衣男子说："叔叔，我身上真没带钱，不信你可以搜。不过，我的手机和钱包都在我的座位上，要不，我去拿给你吧？"

黑衣男子觉得这孩子不会骗他，就把厕所门打开，放黄平出门，他在后面说："那你赶紧去给我拿！"

黄平出了厕所，就往前跑，并大声呼救，最后警察制服了黑衣男子。

在纷乱危险的环境中，我们唯有保持冷静，尽量采取合适的解决办法，才能化险为夷。

在生活中，我们难免会身处险境，不知道该怎么办才好。下面这几个小技巧可以帮我们保持头脑冷静，沉着从容地去面对现实。

一是避免情绪化和过激的言辞。不论什么事情，只要发生，就会有结束，即使夜夜不能入睡，也不要说"我要垮了""我要死了"之类的话。我们不妨静下来，闭目养神。同样，在我们必须与别人交谈时，也要尽量保持着一种平静的、乐观的态度。

二是不要放纵自己的情绪。要记住，当面对意外状况时，自负只会使我们走向傲慢无礼，怨恨和责备别人只会激怒自己，让自己的心理失去平衡。因此，不要遇事就着急以致做出过激行为，而应该冷静下来，勇敢地面对！

三是要保持理智和清醒。每个人对突发状况的反应方式，既与个体特征有关，也与训练有关，作为青少年，平时加强自己对突发事件应付能力的训练是非常有益的。但我们很多人对此方面的训练不够重视，许多人抱有侥幸心理，认为类似事件不会发生在自己身上。其实，我们应掌握一些处理突发事件的方法，做好类似的承受压力训练，在真正面对危急时才能保持冷静，进行积极的自救。

四是要正确判断，果断决策。突发状况发生后可先进行几秒钟思考，对危险的来源、性质和正确应对方式迅速做出判断。

五是要坚持忍痛自救。如果在突发状况中不幸受伤，一定不要放弃活下去的勇气，要告诉自己，活着是最重要的事。

最后，面对突发状况，我们一定要保持清醒的头脑，有礼有节地说话、做事，不论别人说话、做事对与错，我们都不能说错话、做错事，也不能因为对方不冷静，自己也不理智，这样只会发生更大的冲突。我们要始终记住：面对突发状况时，沉着、冷静地处理才是解决问题的关键。

冷静地面对各种挫折

谁都愿意享受成功的喜悦，但是，当我们考试落榜的时候，当我们竞选班干部失利的时候，当我们某一精神支柱被摧毁的时候，我们是怎样想的，又是怎样做的呢？

在现实生活中，相信我们很多青少年朋友都经历过挫折。当我们不得不在各种各样的抉择、矛盾、取舍中反复踌躇，一筹莫展时，应该怎样正视自己的处境，正确对待各种矛盾和挫折呢？

要战胜挫折，就要从"别人会怎么看我"这种心态中挣脱出来，树立有利于身心发展的价值观念，提高自信心和创造力，不因成功而自满，趾高气扬，忘乎所以，也不因挫折而愁眉苦脸、恐惧社交、郁郁寡欢。要战胜挫折，就要敢于肯定自我。培根说："一个人的幸运的造就主要还是在他自己的手里，所以诗人说人人都可以成为自己的幸运的建筑师。"

是的，我们除了自己掌握命运之舵外，还会有什么恰当的选择呢？一个人的成功得失主要在于自己，不管别人怎么贬低我们，怎么不理解我们，怎么看不起我们，我们自己首先要肯定自己，这样才能产生战胜挫折的动力。要战胜挫折，就不要畏惧失败，保持冷静，理智地分析导致挫折的原因和过程，从而找到较好的解决办法，并用笑脸迎接各种挑战。

那么，我们具体该怎么做呢？

第一，自我补偿。最初遭到一点小挫折时，为了我们的心理能够保持冷静，我们可通过其他途径达到目标，或用别的目标代替原来的目标，以其他成功来补偿。如一次考试成绩不好，就努力学习，等下一次考出好成绩，文化课成绩不好，可以在技能科学方面发展。

第二，合理宣泄。如果因挫折而产生情绪时，不要将痛苦埋在心中，而要积极地向家长、老师或朋友倾诉，求得理解或帮助；还可以把心中的不满或委屈写在日记中或到没人的地方大喊几声，让心情逐渐冷静。

第三，转移、升华。遇到挫折后，我们还可以将不良的情绪和精力转移到有益的活动中去，从另一个角度来看待这件事，使情绪稳定下来，并努力把自己没有实现的愿望导向其他方向，将挫折变成动力。

第四，正视、期望。要培养自己坦率地正视现实的态度，把挫折当作人生不可避免的一部分。要知道，挫折和失败往往是成才者的摇篮。

人的一生不可能总是一帆风顺的，风华正茂的青少年将随着知识的积累、阅历的丰富逐步走向成熟。在这些过程中，大大小小的挫折将时刻伴我们左右，只有敢于和善于直面人生的挫折，冷静地对待这些困难，才能在挫折中奋飞，在拼搏中成功。

沉着应对流言蜚语

在生活中，最普遍、最具危害性的武器是什么？是谣言。

一般来说，流言蜚语总是令人厌恶。虽然某些类型的流言可能会提高某个人的知名度，但多数"爆料"的人都会给人带来伤害。更糟的是，流言通常都是在受害人的背后传播。我们大家都熟悉这样的场景——甲将关于乙的谣言传给所有可能对此感兴趣的人，其实谣言与真相大相径庭，就像下面的这个故事一样。

宋菲菲的学习成绩很不错，不仅如此，多才多艺的她经常在大小比赛上获奖。最近，她却在为一件事气愤不已。班里的一个女生总在制造她的流言，连老师都相信了。因为，老师将她和班长张强的座位调开了。

宋菲菲生气地对同桌说："要不是我是学习委员，那天她那么说我，我一定抽她的嘴巴。这个大嘴巴女生，到处捕风捉影，唯恐天下不乱！"

这到底是怎么回事呢？原来，宋菲菲的父母和班长张强的父母是老同学。前不久，父母老同学聚会，就在张强家举行。菲菲的父母给她发短信，让她下晚自习后和张强一起回去，一家人在张强家聚齐。菲菲和张强都是班委，关系不错。她没多想，就和张强回家了。就是这件事，给她惹来了一堆麻烦：班里的大嘴巴说他俩在谈恋爱。

菲菲和自己的同学刚刚进入青春期，班里的同学现在最热衷谈论谁和谁恋爱之类的话题。这一次，事情摊到了菲菲的身上，菲菲还真受不了。一来，自己和张强都是班委，这样传下去影响不好；二来，这事一闹，张强都不敢和自己说话了；三来，老师似乎也在怀疑……菲菲越想越委屈。

前天，她无意间听到那个女生和别人议论自己和张强的事。当时，菲菲气得腿都在发抖，她真想给那个女生来个下马威，但最终还是克制住了。她假装什么也没听见，从那个女生旁边冷静地走了过去，但她的心都要被气炸了……

以后的几天里，面对流言，菲菲都采取了不理不睬的冷处理方法，久而久之，这些流言蜚语终于不攻自破了。

捕风捉影、无中生有、搬弄是非的流言蜚语经常出现在我们的生活中。这些谣言有的是用来报复或要挟他人的，但是在更多情况下，谣言大多只不过是聊天瞎扯，一种引起别人注意或者让别人觉得自己了不起的谈资而已。因此，作为青少年，面对流言蜚语，我们要清醒冷静，一方面要不断自省，洁身自好；另一方面要及时辟谣，减少谣言的负面影响。只有这样，才不至于陷入流言蜚语的困境之中。

要知道，当我们发现自己是某谣言里的主角时，怯懦的人会因此而方寸大乱，而一个稳重成熟的人是不会因为一点小小的谣言自乱阵脚的。不过，对我们青少年来说，辟谣并不是一件容易的事情，既治标又治本的方法才是有效的解决之道。因此，在谣言面前，我们需要这样来做。

一是要彻底了解谣言本身。在听到流言蜚语之后，尽管我们会对此感到愤慨，但我们必须努力控制自己的情绪，保持头脑的冷静。因为谣言本身就是若隐若现、若有若无的东西，全面地了解它需要我们的细心和耐心，一旦我们完全做到这一点，会对我们后面的进程提供一个很好的开端。

二是寻找流言的漏洞。寻找流言的漏洞很重要，也是彻底驳倒谣言的关键所在。同时，搜集有关的证据，包括人证和物证，为彻底打败谣言做一些必要的准备，也是使别人相信我们的基础。

三是找出流言的制造者。首先要弄清楚对方传这种流言的真实企图。如果罪魁祸首已经明确，如何处理是一个很棘手的问题。如果对方是个一贯的谣言制造者，那么我们最好的办法就是同他谈话，避免和他结下私人恩怨。

四是注意用事实击败流言。爱挑拨关系的人，为了达到某种目的而造谣生事，态度恶劣而卑鄙。他们往往利用人们的轻信和多疑达到他们的企图。攻破这些人的谣言最直接、最有效的办法就是用相关事实来证明。这就需要我们注意了解谣言的起因，迅速掌握事实，进行强有力的反击。

五是自重和互相尊重。有时，我们身边会流传一些"非刻意编造"的谣言。这些谣言的产生完全是偶然的，可能是教室里的某人随口说了一句什么，而另一位不知情者断章取义，并一再误传，最后完全扭曲了说话人的本意。

我们有时候无意说的话能令自己的同学回味许久、深入分析，包括正式的讲话、非正式的交流等，自己也稀里糊涂地变成了谣言的制造者。因此，我们要学会自重，才会让这种"非刻意编造"的谣言得以避免。除了自重外，互相尊重也是很重要的。作为青少年，我们应该明白，背后议论别人是一种不道德的行为，帮助别人改正这种毛病是应该的。

我们帮助他人改变这种恶习的行之有效的方法是：尊重对方，以朋友式的态度善意地规劝对方；想办法巧妙地引导对方获得正确的认识。

六是冷淡低调处理。我们必须清楚地认识到一点，不要以为把是非告诉我们的人便是自己的朋友，真正的结果其实是他们很可能希望从中得到更多的谈话材料，从我们的反应中再编造故事。所以，聪明的人不会与这种人推心置腹。令这种人远离自己的办法，是处理任何有关自己的传闻的最佳办法。具体的做法是冷淡反应，无须作答。

总之，在谣言面前，如果我们能够保持冷静的态度，沉着面对流言蜚语，谣言就会不攻自破。

你比想象得更优秀

每个平淡无奇的生命中，都蕴藏着一座金矿，只要肯挖掘，沿着哪怕是微乎其微的一丝优点的暗示，也会挖出令自己都惊讶不已的宝藏。

因为，每个人都比想象中的自己优秀，尤其是青少年，他们内在的潜力是无限的，因此青少年要清醒地认识自己。

一是不要只看到眼中的不幸。有些时候，青少年总喜欢把放大镜放在自己的过失上，似乎觉得这就是自我批评。还有些时候，青少年总喜欢把目光停滞在伟人、明星、富翁的身上，似乎觉得威望、光环、财富就是幸福。其实大家大可以不必理会这些，它们根本算不上什么，因为你很优秀，真的很优秀，只是自己不知道而已。青少年总认为自己平庸、无所作为，没有优点只有缺点，这就大错特错了。

其实每个人都有优点，即使一个再有缺陷的人也可以瞬间把劣势变为优势。所以说青少年要展现给大家一幅富有活力的画面，不必看轻自己。人的潜力是无穷的，只要能认识到自身的宝藏。认识自我，认清自我，你就是一座金矿。

二是打破障碍，发现自己的优点。能够阻碍自己的人只有自己，就是自己的思想。很多的时候，人们用自己的思想为自己做了一个牢笼，一个看不见摸不着却时时禁锢着自己的牢笼。就是这样一个牢笼，总是导致自己发现不了自身的优点。

那么，青少年们该怎么做呢？我们应当有所突破，突破自己做成的牢笼，去挖掘属于自己生命中的那座金矿。我们应该多倾听来自自己内心的自信的声音，用它作为铁锤，敲开禁锢自己的牢笼，努力开掘自己这一座富含宝物的金矿。

俗话说：一个人最大的敌人莫过于自己。而人类，又常常败在自己的手下。孙子说："知己知彼，百战不殆"，只有认识到真正的自我，才能放出希望的力量，去寻找属于自己的那片天空，去创造辉煌，奏响人生最美的乐章。

如果青少年正在为自己长得不好看而发愁，也许别人会觉得你有别样的气质；如果青少年正在为学习成绩而担忧时，也许别人会觉得你有自己的思想和抱负；如果青少年正在为自己懦弱的个性苦恼不已时，也许别人会觉得你的个性沉稳、遇事不慌张……其实，这些都是值得你自己挖掘的宝藏。

测测你处理事情的态度

当事情发生后，你能很快地使头脑冷静下来吗？下面就来做个这方面的测试吧！

如果你是一个魔法师，你可以把自己最恨的人变成一样东西，你会把他变成什么？

A. 乌龟

B. 长得很难看的王子或公主

C. 蚂蚁

解析：

选A的人有点不沉着，被逼无奈时会做出令人不可思议的事情。

选B的人遇事不沉着，有报复心理，小心和人相处时令人害怕。

选C的人遇事沉着冷静，可以很适当地处理烦恼，但有时有点令人捉摸不透。